甬城教育名家领军工程论丛

Mathematical

数学论文写作背后的教学故事

吕增锋 著

ZHEJIANG UNIVERSITY PRESS
浙江大学出版社
·杭州·

图书在版编目（CIP）数据

数学论文写作背后的教学故事 / 吕增锋著. — 杭州：
浙江大学出版社，2023.7
ISBN 978-7-308-23889-2

Ⅰ．①数… Ⅱ．①吕… Ⅲ．①数学教学－教学研究
Ⅳ．①O1－4

中国国家版本馆 CIP 数据核字(2023)第 108076 号

数学论文写作背后的教学故事

吕增锋　著

责任编辑	董　文	
责任校对	周　芸	
封面设计	周　灵	
出版发行	浙江大学出版社	
	（杭州市天目山路 148 号　邮政编码 310007）	
	（网址：http://www.zjupress.com）	
排　　版	杭州朝曦图文设计有限公司	
印　　刷	杭州高腾印务有限公司	
开　　本	787mm×1092mm　1/16	
印　　张	17.25	
字　　数	300 千	
版 印 次	2023 年 7 月第 1 版　2023 年 7 月第 1 次印刷	
书　　号	ISBN 978-7-308-23889-2	
定　　价	68.00 元	

序：走向教学与科研双丰收

　　吕增锋老师是一位年轻、富有才华的教师。他不到 40 岁就成为浙江省正高级教师，并获得了宁波大学兼职教授、宁波市领军拔尖人才等众多高层次荣誉称号。我们两人的论文曾多次发表在同一期杂志上，也曾因被中国人民大学复印报刊资料中心《高中数学教与学》全文转载的论文数量多而被同一篇文章表扬，可谓缘分颇深。接到为增锋老师的专著《数学论文写作背后的教学故事》作序的邀约，我欣然答应。增锋老师的文章曾给我以众多启发和思考，我想，读他的书也应如此，想先睹为快。他的书稿引发了我的三点思考：一是我们该如何做好教学工作？二是一线教师该如何撰写论文？三是中学教师如何做到教学与科研双丰收？

　　我们该如何做好教学工作？

　　为了做好教学工作，我们需要认真备课、认真上课、认真批改作业、认真辅导学生等。除了这些，还需要做什么？中学数学教师普遍有一种共同的感觉——工作苦、工作累。我们从"鸡叫"忙到"狗叫"，还要面临各种职业压力和烦恼。为了尽可能地改变这种状况，在社会和教育的大环境一时难以改变的情况下，我们需要化被动为主动，把教学工作从"体力活"转变为"技术活"。或者说，我们可以通过加强学习，加强对教学工作的反思、比较、分析、实验，来提高工作效益。苏霍姆林斯基曾说："没有个人的思考，没有对自己的劳动寻根究底的研究精神，那么任何提升教学方法的工作都是不可思议的；只有善于分析自己的工作的教师，才能成为得力的、有经验的教师。"增锋老师以探索的心态、研究的精神对待数学教学工作，并乐在其中，这为我们搞好数学教学工作提供了很好的启示与借鉴。

　　一线教师该如何撰写论文？

　　写教学论文是令许多一线教师甚至是许多教学业绩非常突出的优秀教师头

痛的事情。论文的实质是用自己的话说自己的故事,是把自己好的想法、做法与他人分享。故事是怎样的,论文就怎样写,无非还需要进行一些素材筛选、逻辑加工和思想提炼。写好教学论文的前提和基础是对教学有深刻而独到的理解,是自己有好的教学故事。一线教师每天在课堂上摸爬滚打,每天直面学生学习的成败得失,在教学实践中会产生许多鲜活、有趣、有意义的故事。正如增锋老师所说:"课堂永远不乏故事,这些故事就是论文写作的绝佳素材。我开始尝试写教学案例,专门讲述课堂上发生的故事。"事实上,把教学中的故事发生的前因后果讲清楚,把结果的成败得失讲清楚,把故事背后的道理讲清楚,就是一篇好的论文。增锋老师及时记录、整理自己的教学故事,并不断反思、提炼,由此产生了一大批源于教学实践又为了教学实践的论文。本书中,他在与大家分享教学故事的同时,也回顾、剖析了许多论文撰写的背景缘由、心路历程与思维方法。他的做法和经验十分贴近一线教师课堂教学的实际和论文撰写的实际。

写论文的关键是有感而发、有话想说。因为有表达的冲动、交流的冲动、分享的冲动,才会对自己的教学故事加以整理、提炼、升华,进而形成对自己和他人都有启发和借鉴价值的教学经验、教学策略、教学思想。写论文没有许多教师想象的那么难。就像增锋老师所说:"我一直非常享受上课的感觉,一有想法、收获或启发,总想把它写出来与人分享;写着写着,就顺畅起来;时间一久,写作便成了一种习惯。"他从为评职称而写论文开始,基于对数学、对数学教育发自内心的喜爱,逐步走向为享受思考与探究数学教育的乐趣而写论文。

中学教师如何做到教学与科研双丰收?

如果问教学工作与论文写作是两回事还是一回事,我估计多数教师会回答,这是两回事,教学是教学,论文是论文,教学好的教师不一定会写论文,论文写得好的教师也不一定教学好。应该说,这样的观点是有一定的道理和依据的。那么教学与科研能否成为一回事?我认为是完全可能的。如果我们在研究中教学,在教学中研究,如果我们的研究既是为了教学又是基于教学,那么教学与研究是能融为一体、相互促进的。科学技术是第一生产力,这个原理对教育教学工作同样适用。对此,增锋老师深有体会:"当写论文成为一种习惯时,反思也必然要随之深入,否则浅层的反思不足以满足论文写作的需求。反思水平的提高,必然会促使教学能力的提升。很多老师问我为什么能够在数学教学上有独到的见解,为何能够一眼洞穿知识的本质,我想,这与我长期形成的写论文的习惯是分不开的。"他的实践、经历和经验为我们化解教学与写作的矛盾,走向教学与科研相互促进乃至成事与成人相互促进,提供了有益的思路与做法。

教师是一份职业,也是一项事业。教学是专业性比较强的工作。我们在希望全社会都能尊师重教的同时,也应牢记马克思的名言:"能给人以尊严的只有这样的职业,在从事这种职业时,我们不是作为奴隶般的工具,而是在自己的领域内独立地进行创造。"

增锋老师的这本书有鲜明的特色:一是既谈教学,又谈写作,两者合二为一;二是素材源于鲜活的教学实践,接地气;三是有许多好的做法和想法,对教学和论文写作有启发和帮助;四是语言生动风趣、通俗易懂,能给人以愉悦的感受。因此,这是一本值得一线教师阅读的书。

愿我们能一起阅读、分享这本书!

李昌官

浙江省台州市教育教学研究院书记 博士

二级正高级教师

浙江省有突出贡献中青年专家、享受国务院政府特殊津贴

写给读者

自 2008 年在《中学数学教学参考》上发表第一篇论文以来,我笔耕不辍,迄今为止发表了约 150 篇论文,其中 15 篇被中国人民大学复印报刊资料中心《高中数学教与学》全文转载。鉴于我在论文写作上战绩不凡,很多学校和工作室邀请我去传授论文写作的技巧。为此,我精心准备了论文写作进阶讲座:入门级——"轻轻松松写论文",提高级——"论文写作的五重境界",专业级——"论文写作拾疑"。我的讲座不讲究什么理论高度,只在乎接地气、够实用,自然深受大家的喜欢。我前前后后做了几十场讲座,覆盖幼儿园、小学、中学各学段,涉及各个学科。

论文写作培训能否让论文"小白"精通写论文?如果可行的话,为何大学里没有开设学术论文写作专业?也从来没听说哪位论文大咖有这方面的学历。论文写作靠的还是"热爱",自己喜欢的事,纵使虐你千百遍,你也会待它如初恋。对写作的热爱并非凭空产生,而是根植于对教学的热爱、对教师职业的热爱。我一直非常享受上课的感觉,一有想法、收获或启发,总想把它写出来与人分享;写着写着,就顺畅起来;时间一久,写作便成了一种习惯。

毋庸置疑,绝大多数老师对教育都是充满热爱的,但为何他们写不出论文,甚至其中还有很多人讨厌写论文?因为,在他们眼里,似乎论文跟课堂教学没有直接关系,论文对于学生成绩的提高也没有显著的帮助;写论文乃是"小道",学生成绩好才是"王道"。所以,在一群心理上抗拒论文写作的人面前大谈特谈论文写作的技巧,怎么会有好的效果呢?

曾经不止一个人问我,你已经发表了这么多论文,为何还要写个不停?我也曾打算发表满 100 篇论文就封笔,但最终还是没有停下来。我不是为了继续追求论文发表的数量,而是深刻认识到论文的本质就是教学反思。一般中小学老师的论文要么写课怎么上，要么写题怎么解，这些其实就是教学反思的产物。我相信每位老师对于教学都会有所思、有所悟，无非有些老师反思得流于表面，有些老师反思得比较深入；有些老师只是在心里默默反思，有些老师则以文字的形式加以呈现。当写论文成为一种习惯时，反思也必然要随之深入，否则，浅层的反思不足以满足论文写作的需求。反思水平的提高，必然会促进教学能力的提升。很多老师问我为什么能够在数学教学上有独到的见解，为何能够一眼洞穿知识的本质，我想，这与我长期形成的写论文的习惯是分不开的。由此可见，论文写作与课堂教学息息相关，它是教师备课的自然延伸，理应成为教师职业生涯的一部分。

那么论文写作的实质是什么呢？我认为是讲故事，就是讲述发生在教学过程中的故事。不论是课怎么上，还是题怎么解，这些都切切实实发生在身边，且给人留下了深刻的印象，把事情发生的前因后果讲清楚，就是一篇论文。故事讲得好，论文就不难发表。明白了这一点，写论文就变成了一件非常自然的事。当然，很多老师可能会说，虽然在教学中经常会有事件发生，但这些事件过于普通、过于常见，似乎没有什么值得写的。这确实说到了重点——想要讲故事，首先要有发现故事的眼光。有些事件看似平淡无奇，但如果找到一个合适的角度，聚焦于局部区域，或许会有新的发现。这和拍照很像，截取的都是最美的风景，讲故事也是如此，挑精彩的地方讲，这样才能引人入胜。

从此，我为一线教师做论文写作方面的讲座时，就不再单纯介绍论文写作技术，而是着重分享"数学论文写作背后的教学故事"。结合自己的写作经历，谈谈论文写作的前因后果，阐述论文写作与课堂教学的关系，讲述如何把教学故事提炼成一篇论文，我想，这才是最有价值的，也是大家最感兴趣的。这其实跟讲题一样，不能只讲如何做出正确答案，关键是要把为什么这样做、如何想到这样做解释清楚，这样才能让学生学会解题。这样的讲座开展了好多次，效果确实比以前好了不少，让老师们明白了写论文并不是件很难的事情，写论文对于教学是有帮助的。

于是，我尝试把"数学论文写作背后的教学故事"写成一本书，向更多的老师分享我的写作经历。这本书一共分为九章，最前面是"'明明白白'写论文"一章，讲述的是如何写论文的故事；随后的七章，每章的标题都是我所遵循的教学理念或者要表达的观点，故事就围绕着这些教学理念与观点有序展开；最后一章讲述的则是课题研究的故事。故事讲完后,还附有故事中提及的论文,两者对照着看,会带来更多启示。在读故事的过程中,学习如何教学,如何写论文;在看论文的过程中,体会先进的教学理念与教学观点。本书把教学故事、论文、教学理念三者有机融合在一起,相得益彰。

尽管本书讲的是数学教学中的故事,但在语言表述上力求通俗易懂,尽量避免使用艰涩的术语和理论,引用的实例也基本来源于日常生活,即使不是数学专业人士,也能轻松理解书中的内容,相信看了本书,都会有所启发。受本人才学所限,书中可能存在谬误和不妥之处,敬请读者批评指正。

吕增锋

目　录

"明明白白"写论文

为什么要写论文?

"都是被评职称逼的",90％以上的老师恐怕都会给出这样的回答,很少有老师把论文写作看成日常教学工作的一部分,极少有老师把写论文当成一种兴趣爱好,更遑论享受。

说实话,我写论文最初也是为"评职称"所迫。因为我晋升一级职称不需要论文,所以从教的前五年我从来没有考虑过写论文的事。我任教的农村高中的教科研氛围也让学校里的老师觉得写论文是一件高不可攀的事,发表论文更是一种奢望。

15 年前,我所在的农村高中,老师能够评上高级职称可以说是"小概率事件"。评高级职称需要过"两关":一个是"考试关",对一般学校的老师来说,无论解题能力还是教学理论水平,都与重点中学的老师差一大截;另一个就是"论文关",需要两篇在省级及以上正规教育期刊上发表的论文,恰恰是这"两篇论文"成了很多老师心中"永远的痛"。考试中的短板可以通过连续几个月刷题来补足,但论文却不是想写就能写出来的;即使写出来了,也未必能发表;即使能发表,也未必是够规格的期刊。论文中的门道太多,一个人瞎琢磨很难上道,倘若能得到"会写论文的高手"指点,那效果就会大不一样,至少可以很快知道怎样的文字材料才算是合格的论文,哪些期刊是符合要求的。但这样的"高手"似乎在我任教的那所学校十分稀缺。

同事们戏称,论文是"敲门砖""入场券"。没有论文,你压根就没有评高级职称的资格。纵观全校一百多名老师,这么多年来,有高级职称的也就区区十来名,更有一大把教龄超过 20 年的老师苦于没有论文而被高级职称拒之门外。把教师的职称与论文挂钩的做法多年来一直饱受教育界的诟病,有专家和学者甚至认为,中小学老师根本不需要写什么论文,只要把书教好就行,因为就中小学老师的学术水平而言,根本写不出什么有价值的东西。如果是以前,我相当赞成;但现在,我觉得这种说法太过极端,尽管论文与职称挂钩存在着种种弊端,需要"矫枉",但千万不能"过正",更不能因噎废食。

看着那些对高级职称彻底失去希望而失去奋斗目标的同事,我不甘心跟他们一样,因此,自评上一级职称后,我就暗下决心,一定要评上高级职称。不就是论文吗,花五年时间难道还不能弄出两篇像样的论文来?但总得先知道什么是像样的论文吧!我去学校阅览室把所有的数学类杂志全部借出来看,《数学通报》《中学数学教学参考》《数学通讯》《数学教学》《中学数学》《高中数学教与学》等,有十余种之多,堆积多年无人问津的杂志终于迎来了它们的第一位"热心读者",从此我便成了阅览室的常客。

看了杂志,我不仅知道了写论文是怎么回事,而且发现很多文章所谈的解题方法和教学方法没有想象中那么深不可测,我平时也是那样做的,无非是把这些做法用文字呈现出来而已。但真正自己动手写时,才知道根本没有那么简单。那种搜肠刮肚的痛楚让我想打退堂鼓,尽管"心中有千言",但就是"下笔不成句",一个晚上下来,根本挤不出几句话。自从 1996 年写完高考作文后,我几乎就没再写过文章了,平时要上交什么教学心得、总结,都是从网上直接"拷贝"而来,写作的基本功早已荒废。我终于明白为何有那么多人被两篇论文卡住了脖子,不是他们没有尝试过,而是论文真的难写,没有毅力根本坚持不下去。

不过,我发现,有一种论文对于论文新手来说还是比较容易上手的,那就是数学解题类的论文,似乎把各种解法归归类就行了。这让我看到了胜利的曙光,于是,我开始比葫芦画瓢,每写好一篇,就急匆匆地往几家杂志社投,生怕错过了"中大奖"的机会。当时,很多杂志都不支持网络邮箱投稿,只收纸质打印稿,原本 1 块 2 毛钱就能寄到的稿件,我硬是每次都贴 5 块钱的邮票,心想这样做能够激励邮政提升投递的速度。然而,平信的邮寄时间就是雷打不动的七天。买邮票的钱我倒是花了不少,但每次都石沉大海,别说"大奖"了,连"小奖"都未曾眷顾我。

其实,解题类论文看起来好写,但还是需要一些新的东西来支撑,别人写滥的题目,再冷饭炒一遍,哪有什么新意可言?难题、新题,还有一些高妙的解题方法倒是可以作为写作的素材,但我的大部分学生基础一般,对此听不懂、学不会,我研究这些难题、新题的价值何在?这使我过早地丧失了研究解题的动力,也决定了我不可能在解题研究这条路上走远,当然更不可能轻易地写出能够发表的解题类论文。

尽管屡战屡败,我还是继续寻找力所能及的写作题材。有一天,在探讨特殊三棱锥外接球球心的过程中,有学生提出了寻找一般三棱锥外接球球心的想法。

这就是我苦苦寻找的写作素材啊！于是，我在学生想法的基础上，类比平面三角形外接圆与内切圆的作图过程，写了一篇关于三棱锥外接球与内切球球心的几何作法的论文，并给论文取了一个很吸睛的标题——《明明白白球的心》。这是我写论文以来感觉最棒的一篇论文，于是我满怀欣喜地将它投向杂志社。

苦等好几个月，还是没有消息。一般来说，超过三个月没回应，这篇论文基本上就可以宣告失败了。正当绝望之际，有那么一天，门卫给我送来了一封信，上面有"某某师范大学《某某数学杂志》编辑部"的字样。信的大概意思是，《明明白白球的心》这篇文章已经通过审核，达到了在杂志增刊上发表的要求，如果同意发表，就速寄 600 元版面费。幸福来得很及时，这是正规的、知名度较高的省级中学数学刊物，有这样一篇文章在手，评高级职称相当于成功了一半。我毫不犹豫地把钱汇了过去。我觉得 600 元的版面费不算多，其实只要能发表，花再多的钱也值得。

拿到杂志的那一刻，看到目录里面赫然印着我的文章与我的名字，一种"金榜题名"的兴奋感油然而生。当时的我全然不知杂志封面上"增刊"两字有何深意，直到我拿这篇论文申报学校的年度教科研成果奖的时候，才从学校负责教科研的老师口中得知，所谓的"增刊"，就是在一年 12 期的基础上额外加印一期，说白了就是为了创收，不论文章质量，一般给钱就发。更糟的是，"增刊"不属于正式刊物的范畴，也不会被知网、万方等数据库收录，没办法用来评职称。为了这篇论文，我脑细胞死了不少，钱也花了，最后却没什么用，这让我当时的心情一下跌入谷底。

后来我了解到，杂志除了有增刊外，有的还分上、中、下旬刊，更有教师版、教学参考版、教学研究版……五花八门，令人眼花缭乱。有些期刊厚如字典，囊括从幼儿园到大学的所有学段，从语数外到政史地，再到理化生、心理健康、信息技术等学科，比肩"百科全书"；更为夸张的是，如此"虚胖"的刊物有的是旬刊，一个月发 3 期，有的是周刊，一个月发 4 期……更有甚者是"李鬼"冒充"李逵"，或盗用刊号造假，或提供假冒的投稿邮箱和网址，不少同事深受其害。最保险的方法是从正规期刊中找投稿网址和邮箱，它们一般都标注在封面或者目录位置。总之，论文投稿的水很深，写出了文章，投稿也需要慎之又慎。

两年的论文写作生涯，基本上颗粒无收。我逐渐明白，只盯着解题是不会有什么突破的，还是应该把写作的重心转移到课堂中，虽然面对的生源条件一般，但教学中应遵循的教育原理、认知规律与教授重点中学的学生别无二致,或许基础一般的学生课堂"故事"更多,更值得去挖掘。至于自己文笔差,只能多写、多练,没有捷径可走。于是,我开始在博客上写教学反思,每天记录课堂小事,多则五六百字,少则一百来字,这样一写就是两年。现在很多学校也要求老师在教案末尾附上教学反思,但很多人都是应付了事,胡乱写两句。殊不知写教学反思的好处多多,其中有一点就是可以提高语言组织能力,从而把想说的话用文字流畅地表达出来,这对于论文写作而言至关重要。

而后,我开始尝试写教学案例,专门完整地讲述课堂中发生的故事。课堂永远不缺乏故事,这些故事往往是论文写作的绝佳素材。有意栽花花必开,2008年是我论文写作的"拐点"年。那是2月份的一天,我收到了从陕西师范大学寄来的《中学数学教学参考》1-2月份合刊两本,杂志的目录中赫然印着我的文章《本不该发生的课堂"意外"》。我的教学案例竟然能够在核心期刊上发表!一个从来没有发表过论文的人,第一篇论文竟然发表在核心期刊上!这让我感到十分意外。更令我意外的是,幸福竟接连来敲门,同年3月,华中师范大学主办的《数学通讯》发表了我的一篇解题探究类文章《酒杯中的学问》,在当时,《数学通讯》也算是国家级刊物。我一下子就拥有了评高级职称所需的两篇论文,此时距离我评高级职称还有两年时间。

有的老师一旦完成了两篇论文的任务,就从此封笔,远离论文。但对我而言,这两篇论文不仅是高级职称的"敲门砖",更是两张写作能力的权威鉴定书,让我更加坚定写作的信念。我发现教学案例类文章比较容易发表,为了获取更多的写作素材,我抓住一切机会去听课,听本校老师的课、外校老师的课、新老师的课、名师的课、其他学科的课……在听课时仔细观察细节,捕捉有价值的写作线索,然后写成教学案例。一些比较高端的教研活动,比如名优教师带徒、优质课评比、学术论坛等,尤其能够为我带来无尽的写作灵感。毫不夸张地讲,在教学案例的写作上,我是听一节课写一篇,写一篇发表一篇。2011—2014年是我论文发表的高峰期,其中教学案例类文章占了多数,自己也积累了比较丰富的写作经验,便萌生了写"如何写论文"的论文的想法。我的论文写作三部曲——《把握写作时机,捕捉创意灵感》《漫谈数学论文的写作"攻略"》《数学论文写作不妨追求"一菜多吃"》先后成稿,其中前两篇被中国人民大学复印报刊资料中心全文转载。

从 2008 年发表第一篇论文到现在,我一共发表了 150 余篇论文,其中 15 篇被中国人民大学复印报刊资料中心全文转载。有人问我,写这么多论文有什么用? 论文写得好难道书就教得好? 我认为,从本质上讲,论文是一种高层次、系统化、主题化的教学反思,善于写作,就意味着勤于反思,依据"经验＋反思＝教师成长"的公式,论文写作肯定可以促进教师的专业发展。再进一步讲,论文写作与课堂教学从根本上讲是一回事,即怎么教就怎么写,唯一差异就是论文写作需要把隐藏在教学背后的理论、理念、意图用文字的形式加以呈现,让读者能够"知其所以然"。如果教师把教学完全当作出于个人意志的率性行为,从来不去反思,那么不仅很难提升自己的教学水平,而且也很难写出高质量的论文。

相关论文

明明白白球的心

——探寻三棱锥内切球和外接球的球心

球体与锥体的切、接问题是高中立体几何中的重要内容,三棱锥与球体外接和内切的问题是其中一类典型的题目。解这类题目的常用方法是找到球心,作截面进行求解,但球心位置的确定是一个难点。尽管我们很容易证明正三棱锥的内切球和外接球的球心都在顶点到底面的高线所在的直线上,但对于其他棱锥,其球心还会在高线所在的直线上吗?

例 设三棱锥 $A-BCD$ 的两条棱 $AB=CD=6$,其余各棱长为 5,求三棱锥的内切球的体积。

【分析】解这道题的关键是找到内切球球心的位置,然后作截面求解。但大多数学生受正三棱锥的影响,错误地认为球心还在顶点到底面的高线上。

【错解】

解:如图 1,E 是 CD 的中点,连接 AE,BE,过点 A 作 $AM \perp BE$,垂足为 M,作 $\angle AEB$ 的平分线,交 AM 于点 O,过点 O 作 $ON \perp AE$,垂足为 N。

易证 $AM \perp$ 平面 BCD,$ON \perp$ 平面 ACD。因为 EO 是角平分线,所以 $OM=ON$,所以可以得到点 O 到平面 BCD 和平面 ACD 的距离相等,则点 O 是此三棱锥内切球的球心。然后可在截面 AEB 中求出内切球的半径。

显然,这个"球心"并不是真正的球心,或者说球心并不在三棱锥的高线 AM 上。因为容易求出 $AE=BE=4$,由余弦定理得 $\angle AEB$ 是钝角,则垂足 M 应该在 BE 的延长线上,这样的话,按错解的做法,球心 O 不就跑到三棱锥外面了吗?

这样的球还会是三棱锥的内切球吗？

【正解】

解：如图 2，E,F 分别是 CD,AB 的中点，连接 EF,AE,BE,CF,DF,O 是 EF 的中点，过点 O 分别作 $OM\perp BE,ON\perp AE,OS\perp CF,OT\perp DF$，垂足分别是 M,N,S,T。

易证 $AB\perp$ 平面 $CFD,CD\perp$ 平面 AEB。

易证 $OM\perp$ 平面 $BCD,ON\perp$ 平面 $ACD,OS\perp$ 平面 $ABC,OT\perp$ 平面 ABD。

在 $\triangle AEB$ 中，可以得到 $OM=ON$；在 $\triangle CFD$ 中，可以得到 $OS=OT$。

易证 $\triangle MOE\cong\triangle SOF$，则 $OM=OS$，所以 $OM=ON=OS=OT$，即点 O 到三棱锥四个面的距离相等，所以 O 就是此三棱锥内切球的球心。

然后可以在截面 AEB 中求出内切球的半径，进而求体积。

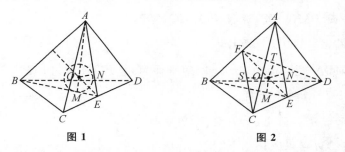

图 1   图 2

当然，解此题也可以不找内切球的球心，而是直接利用体积关系求解内切球的半径。但尝试寻找球心的位置，有利于进一步培养学生的空间想象能力和主动探索精神，对发展学生的创造性思维和发散性思维都起到了重要的作用。

对于一般的三棱锥，如何运用正确的方法和原理，找出它的内切球和外接球的球心呢？

平面几何中的两个性质给了笔者很大的启发。

一、探寻内切球的球心

探寻内切球球心的关键是在三棱锥内部找到一个点，使它到三棱锥各个面的距离都相等。我们知道"角平分线上的点到角两边的距离相等"，那么，把这个性质推广到空间中，会有什么样的结果呢？

【性质1】 二面角的平分面上的点到二面角两个面的距离相等。

如图3,已知二面角 $\alpha-l-\gamma$,平面 β 是二面角 $\alpha-l-\gamma$ 的平分面,即平面 β 与平面 α,γ 所成二面角的平面角相等。

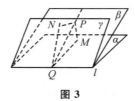

图3

证明:P 是平面 β 上的任意一点,过点 P 分别作直线 $PM\perp\alpha,PN\perp\gamma$,垂足分别为 M,N。

因为 $l\perp PM,l\perp PN$,

所以 $l\perp$ 平面 PMN。

设 $l\bigcap$ 平面 $PMN=Q$,连接 PQ,MQ,NQ,

则 $l\perp PQ,l\perp MQ,l\perp NQ$,

所以 $\angle MQN$ 是二面角 $\alpha-l-\gamma$ 的平面角,$\angle PQM$ 和 $\angle PQN$ 分别是二面角 $\alpha-l-\beta$ 和 $\gamma-l-\beta$ 的平面角。

因为平面 β 是二面角 $\alpha-l-\gamma$ 的平分面,

所以 $\angle PQM=\angle PQN$,

所以 $PM=PN$,所以性质1成立。

由性质1,我们可以推测,内切球的球心一定在二面角的平分面上,因此找球心的关键就是作出三棱锥每组相交面所成二面角的平分面。

那么,如何作出一个二面角的平分面呢?

【作法】 如图4,已知二面角 $\alpha-l-\gamma$,在公共直线 l 上任取一点 P,过点 P 分别在平面 α 和 γ 内作直线 $a\perp l,b\perp l;M,N$ 分别是直线 a 和 b 上的任意两点,连接 MN;过点 P 作 $\angle MPN$ 的平分线 c,则直线 c 和 l 确定一个平面 β,平面 β 就是二面角 $\alpha-l-\gamma$ 的平分面。

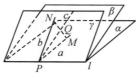

图4

证明：因为 $a\perp l,b\perp l$，

所以 $\angle MPN$ 就是二面角 $\alpha-l-\gamma$ 的平面角，

所以 $l\perp$ 平面 MPN，所以 $l\perp c$。

设 Q 是直线 c 上的任意一点，

则 $\angle MPQ,\angle NPQ$ 分别是二面角 $\alpha-l-\beta,\gamma-l-\beta$ 的平面角。

因为直线 c 是 $\angle MPN$ 的平分线，

所以 $\angle MPQ=\angle NPQ$，

所以平面 β 就是二面角 $\alpha-l-\gamma$ 的平分面。

作二面角的平分面的关键是作二面角的平面角的角平分线，它和二面角的公共直线确定一个平面，此平面就是二面角的平分面。

对任意三棱锥 $A-BCD$，如图 5，P 是棱 AB 上任意一点，Q 是棱 AC 上任意一点，按照作二面角的平分面的方法分别作出二面角 $C-AB-D$ 和 $B-AC-D$ 的平分面 ABI 和 ACJ，其中 PM,QN 分别是二面角 $C-AB-D$ 和 $B-AC-D$ 的平面角的角平分线；连接 BM 并延长，交 CD 于点 I，连接 CN 并延长，交 BD 于点 J，设 BI 交 CJ 于点 A'，连接 AA'，则 AA' 是平分面 ABI 和平分面 ACJ 的公共直线。

由性质 1 可得，平分面 ABI 上的点到平面 ABC 和平面 ABD 的距离相等，平分面 ACJ 上的点到平面 ABC 和平面 ACD 的距离相等，所以线段 AA' 上的点到平面 ABC，平面 ABD，平面 ACD 的距离都相等。

如图 6，同理可作二面角 $A-BC-D$ 的平分面 BCK，平分面 BCK 交 AD 于点 K，则平面 BCK 上的点到平面 ABC 和平面 BCD 的距离相等。设 $BK\cap AJ=L$，连接 CL，CL 就是平分面 ACJ 和平分面 BCK 的交线，设 $CL\cap AA'=O$，则点 O 到平面 ABC，平面 ABD，平面 ACD，平面 BCD 的距离相等，所以 O 就是三棱锥内切球的球心。

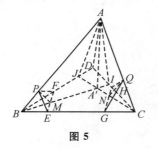

图 5

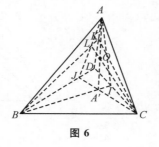

图 6

二、探寻外接球的球心

探寻外接球球心的关键是找到一个点,使它到三棱锥各个顶点的距离相等。我们知道"三角形的外心到三角形各顶点的距离相等",那么,把这个性质推广到空间中,会有什么样的结果呢?

【性质 2】 过三角形的外心作这个三角形所在平面的垂线,则垂线上的点到三角形各顶点的距离相等。

证明:如图 7,O 是 $\triangle ABC$ 的外心,直线 l 是过点 O 的平面 ABC 的垂线,P 是 l 上的任意一点,连接 PA,PB,PC,OA,OB,OC。

因为 O 是 $\triangle ABC$ 的外心,

所以 $OA=OB=OC$,

所以 $PA=PB=PC$,

所以性质 2 成立。

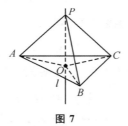

图 7

由性质 2,我们可以推测,三棱锥外接球的球心一定在过三角形外心的垂线上,因此找球心的关键就是分别作出过三棱锥各面外心的垂线。

如图 8,对任意三棱锥 $A-BCD$,容易作出 $\triangle ABC$ 的外心 O_1 和 $\triangle BCD$ 的外心 O_2;E 是棱 BC 的中点,连接 $O_1B,O_1C,O_1E,O_2B,O_2C,O_2E,O_1O_2$;过点 O_1 作直线 $O_1F \perp O_2E$,垂足为 F;过点 O_2 作直线 $O_2G \perp O_1E$,垂足为 G。

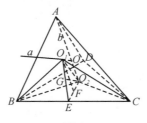

图 8

因为 O_1 是 $\triangle ABC$ 的外心，

所以 $O_1B = O_1C$。

因为 E 是 BC 的中点，

所以 $O_1E \perp BC$。

同理可证 $O_2E \perp BC$，

所以 $BC \perp$ 平面 O_1EO_2，

所以 $BC \perp O_1F$。

因为 $O_1F \perp O_2E$，

所以 $O_1F \perp$ 平面 BCD。

同理可证 $O_2G \perp$ 平面 ABC。

下面只需过点 O_1 和 O_2 分别作平面 ABC 和平面 BCD 的垂线。

过点 O_1 作直线 $a \parallel O_2G$，过点 O_2 作直线 $b \parallel O_1F$，则 $a \perp$ 平面 ABC，$b \perp$ 平面 BCD。

由性质 2 得到直线 a 上的点到 A，B，C 三点的距离相等，直线 b 上的点到 B，C，D 三点的距离相等。

易知直线 a，b 共面且不平行，则 a，b 两直线一定有一个交点 O，从而点 O 到 A，B，C，D 四点的距离都相等，所以 O 就是此三棱锥外接球的球心。

通过探寻三棱锥内切球和外接球的球心，我们知道，平面几何中"三角形的三条内角平分线相交于一点，这个点是三角形内切圆的圆心"这个性质推广到空间就是"三棱锥的各个二面角的平分面相交于一点，这个点是三棱锥内切球的球心"；平面几何中"三角形三边的垂直平分线相交于一点，这个点是三角形外接圆的圆心"这个性质推广到空间就是"过三棱锥的各个面外心的垂线相交于一点，这个点是三棱锥外接球的球心"。

把握写作时机，捕捉创意灵感①

——讲述数学论文写作背后的故事

写作需要灵感，"但肯寻诗便有诗，灵犀一点是吾师""文章本天成，妙手偶得之"便是对此真实的刻画。数学论文写作当然也是如此。有不少老师曾痛下决心，要等到"赋闲"之时（比如寒暑假）集中精力打造一篇佳作，但最后似乎都难逃"心无灵犀点不通""搜肠刮肚而不得一句"的结局。

那么灵感到底是什么？它是怎么来的呢？灵感并非神秘之物，它是人们对自在之物的一种顿悟性的思维活动；灵感也并非凭空而来，它的获得在很大程度上依赖恰当的"时机"。牛顿被坠落的苹果砸中之后，悟出了"万有引力"的存在；李白在"斗酒"过后，方才成就了"诗百篇"。论文的写作离不开灵感，而灵感的捕捉离不开时机。那么，捕捉论文写作灵感的最佳时机到底是什么时候？下面笔者就结合本人的数学论文写作经历，谈谈对此的看法。

一、把握教学时机，从精彩纷呈的课堂中捕捉灵感

数学论文的写作不是"无根之木，无源之水"，它的"根"应该扎于"课堂"，它的"源"应该发自"教学"，思维碰撞激起的火花，"意外"事件带来的手足无措的尴尬，攻克难点后那种豁然开朗的感觉……细心体味课堂教学中的"喜怒哀乐"，其中蕴含着丰富的写作资源。我们要做的就是抓住这些时机，反思隐藏在"喜怒哀乐"背后的"真相"，捕捉那稍纵即逝的创作灵感。

---

① 本文发表于《中学数学教学参考》2013年第10期，被中国人民大学复印报刊资料中心《高中数学教与学》2014年第2期全文转载。

【论文写作过程回顾1】那是一堂高三立体几何复习课——"空间的角"。尽管"向量法"已成为解决这类问题的"利器",但它并不是万能的,部分省份的高考题中出现的"很难建系的几何体"便是对"向量法"的一种挑战。因此,在本堂课中,笔者打算通过一题多解的方式使学生同时掌握"几何法"和"向量法"的要领,进而达到拓展学生解题思路的目的。

想法很"丰满",现实却很"骨感"。当笔者给出题目,学生借助"向量法"顺利解决问题后,不管笔者怎么提示"还有没有其他解法",学生就是无动于衷。笔者只能直接抛出"几何法"。在讲解"几何法"时,学生无精打采,兴味索然,基本上是笔者一人在唱"独角戏"。面对如此课堂场景,笔者当时既尴尬又气恼,以致一天都没有好心情。

为了解决问题,笔者课后进行了调查。学生的理由令人啼笑皆非:"这道题用坐标法能很快得到正确答案,何必弄得如此麻烦?"原来如此!在学生的眼里,老师对这道题显然是小题大做了。这道立体几何求角问题能够轻松建系求坐标,向量法是最好的选择;而几何法要添加多条辅助线,显然要比向量法麻烦得多,笔者遭受课堂的"冷遇"自然也就不难理解了。

从课堂教学的角度看,这是一堂失败的课;但从失败中得到的启示却是绝佳的写作素材。这堂课给笔者的启示很多,比如:课前要关注学生的学情;要注意题目解法的选择;要注重师生的互动。但哪些启示才具有较大的论文写作价值呢?这需要反复斟酌。回顾本堂课的设计初衷,笔者原本打算借助数学教学中常用的"一题多解"策略达成拓展学生解题思维的目的,但最后不仅未能如愿,反而弄巧成拙。由此可见,我们所推崇的"一题多解"并不是随时随地可以进行的,而需要"见机行事"。找到写作的角度后,笔者马上着手提炼文章的框架,最后拟出了以下提纲:

1　落花有意,流水无情——"一题多解"遭受"冷遇"(背景介绍)

2　即鹿无虞,惟入于林中——"一题多解"违背"时机"(原因揭示)

3　器藏于身,待机而动——"一题多解"把握"时机"(解决方法)

　　3.1　在学生思维受阻时开展一题多解

　　3.2　在学生思维兴奋时开展一题多解

最终这篇名为《"一题多解"要见机行事》的教学案例文章发表于《中学数学教学参考》2012年第1-2期。

波澜不惊、平淡无奇的课堂,转眼就会被人遗忘;只有那些充满各种"插曲"的课堂,才能令人印象深刻,而令人难忘的时刻恰恰是提炼论文写作题材的最佳时机。把握时机,反思教学背后的原因,找到问题的症结,提炼解决问题的策略,这就是撰写论文的一般过程。

二、把握高考时机,从林林总总的试题中捕捉灵感

每年的高考刚刚结束之时,也是撰写论文的好时机。高考试题可谓百里挑一、精益求精,凝聚着命题者的心血和智慧,体现了命题的发展趋势,对新高三复习教学具有积极的导向作用。很多期刊会在这一时段举行与高考有关的征文活动,比如高考试题的赏析、高考试题的教学研究、高考复习策略的研究等。因此,我们要充分利用这个时机,从众多高考试题中发现具有写作价值的题目。

【论文写作过程回顾2】2007年高考一结束,笔者就开始逐一浏览全国各个省份的数学高考试卷,试图从中寻找论文写作的题材。其中江西卷理科第8题引起了笔者的注意,题目大意如下。

四位好朋友在一次聚会上,按照各自的喜好选择了形状不同、内部高度相等、杯口半径相等的圆口酒杯,如图所示。杯中盛满酒后,他们约定:先各自饮杯中酒的一半。设剩余酒的高度从左到右依次为 h_1, h_2, h_3, h_4,则它们的大小关系正确的是(　　　)。

A. $h_2 > h_1 > h_4$　　　B. $h_1 > h_2 > h_3$　　　C. $h_3 > h_2 > h_4$　　　D. $h_2 > h_4 > h_1$

本题的背景清新自然,充满浓厚的生活气息;在解法上更是不拘一格,既可以通过定量计算得到精确结果,又可以借助定性分析推断正确答案。因此,本题具有较大的写作价值。但如何写?写些什么呢?选择合适的写作角度最为关键。若是单纯罗列解题方法,内容显然太单薄,很难打动读者的心;但若从解题方法入手,抽丝剥茧揭示问题的实质,顺藤摸瓜发现命题的趋势,文章的内涵就更丰富了,更容易吸引读者的眼球。

于是笔者拟定了写作的提纲,具体如下:

1 问题该怎样解决?

    1.1 定性分析——以动制静

    1.2 定量分析——以静制动

2 圆台和半球酒杯中酒的高度可以比较吗?

3 高度和体积到底有怎样的关系?

4 类似的高考题往年出现过吗?

笔者特意给这篇文章取了一个比较生活化的题目《酒杯中的学问——对一道高考题的探究》,此文发表于《数学通讯》2008 年第 3 期。

以高考题为素材的论文写作,首先,要选好题,应该选择那些具有开放性、创新性的题目,好的题目更易激发写作灵感;其次,在写作内容上,最好避免单纯的对解题方法的罗列,而是要以题目为生长点,结合课堂教学,开展对题目本质的探究;最后,此类论文的发表具有一定的时效性,因此力求"一有灵感,马上创作,迅速投稿"。

三、把握交流时机,从风格迥异的课例中捕捉灵感

还有一类获取论文写作题材的好时机,就是各种公开课、示范课、优质课、探索课、带徒活动等教学交流活动。在这些公开场合,上课教师一般会在教学设计上竭尽所能、标新立异,力求打造完美课堂,体现自己的教学风格;课后还有同行的交流和点评、专家的专题报告。如果能够充分把握这样的交流时机,何愁写作没有灵感? 笔者发表的多数论文的灵感就来源于此。

【论文写作过程回顾 3】这是一堂高三第二轮复习课——"平面向量复习",上课的教师是一位重点中学的骨干教师。整堂课非常流畅,尤其令笔者佩服的是这位教师的解题能力,几乎每道例题都引导学生进行了一题多解的尝试,最后取得比较好的教学效果。在随后的评课中,大家对这堂课进行了点评,基本上都是赞美之辞。这堂复习课在大家的眼中似乎非常完美。

把这些点评加以梳理、整合,再结合当时的教学情景,应该就是一篇很不错的教学案例文章,类似的教学案例文章在各类刊物中也比较常见。但笔者认为,若是人云亦云,就很难写出自己的特色,因此最好另辟蹊径。笔者注意到,这堂课的最

大亮点是"一题多解",但每道例题都进行"一题多解"是否有必要？"一题多解"的过程中教师需要注意什么问题？从这两个疑问出发，笔者重新梳理了这堂课，发现题目的解法基本上是教师自己的想法，很少有解法是学生自己独立得到的；并且，教师过于重视展示解法的多样性，忽视了对不同解法进行取舍的分析。这两点显然是本堂课的最大"败笔"。于是笔者撰写了《"一题多解"是"亮点"还是"败笔"——由一堂高三复习课引发的思考》这篇文章。为了增加文章的可读性，笔者重新构思了当时评课的情景：评委分为正反两方，一方认为一题多解运用得当，另一方认为一题多解运用失策；笔者就充当"裁判"，分别站在正反两方的立场对这堂课中的"一题多解"进行理性剖析。当然，这不会影响整篇文章的真实性和有效性，写论文有时也需要"虚构"。本文的具体框架如下：

1 课堂教学过程简介

2 "亮点"VS"败笔"（正反两方评委的争论）

3 "一题多解"应该注意什么？（笔者的观点）

    3.1 "一题多解"应该关注考纲和考试说明

    3.2 "一题多解"应该关注学生的"学情"

    3.3 "一题多解"应该关注解法的选择

这篇文章后来在《中学数学教学参考》2010年第5期上发表。

教学案例类论文，根据文章的基调可分为"褒扬"和"批判"两大类。"褒扬"类文章无非是夸奖执教者的教学设计如何独具匠心、重难点如何被完美突破、学生的主体地位如何得到保障……对课堂教学的不足之处却轻描淡写，或干脆视而不见。对于这类文章，笔者并不推崇：一是因为教学原本就是一门"遗憾的艺术"，世上哪有尽善尽美的课；二是因为这类文章通常缺乏鲜明的个性，把对一篇文章中的"课堂点评"转移到另一篇文章，照样合情合理。笔者最感兴趣的是"批判"类文章。用批判质疑的眼光审视课堂的细微之处，仔细梳理课堂教学的问题症结，然后把它引申、放大，联系相关的教学理论，最后通过以小见大的方式展现自己独到的思考和见解，这样写出的文章才会个性张扬、内涵深刻，让人回味无穷。

总之，数学论文的撰写要"因时而动，顺势而为"。只有在恰当的时机，才能捕捉到与众不同的灵感，才能写出别具一格的文章。

漫谈数学论文的写作"攻略"①

　　说起写论文，很多教师是"爱恨交加"。一方面，离不开论文，评职称、评各种荣誉都需要论文来"撑门面"；另一方面，写不出论文，搜肠刮肚，劳心伤神，饱受煎熬。显然，论文已经成了一线教师的"痛"。但"长痛不如短痛"，与其怨天尤人，还不如多想应对之策。说实话，论文曾经也是笔者的"痛"。笔者 2000 年走上工作岗位，几年后，眼看快要评高级职称了，没办法才开始着手写论文。在此之前，从没写过一篇论文，更没奢望去发表。经过几年的努力和琢磨，笔者不仅走出了"痛"的阴影，而且还感受到了论文写作的快乐。现在，笔者就结合自身的写作经历，谈谈数学论文的写作"攻略"。

一、撰写反思练"文采"

　　"胸中千万言，下笔不成句"，这是初次尝试论文写作的教师的共同感受。很多教师在上课时可以滔滔不绝地讲上一节课，能把学生"忽悠"得五体投地，但一到正式写作时，花很长时间却憋不出一个完整的句子来。由此可见，口语跟书面语毕竟存在一定的差异，会说并不见得会写。解决这一问题的最好办法就是多写。那么写什么呢？从写反思开始吧。现在很多学校都要求教师在教案后面附上教学反思，但很多教师都不把它当回事。其实，写反思是练笔的绝佳途径。把教学中所发生的事详细记录下来，把自己的感想真实地表达出来，这就是反思。虽说反思通常只有区区几百字，很不起眼，但反思写顺了，句子的组织、构造能力

① 本文发表于《中学数学教学参考》2014 年第 5 期，被中国人民大学复印报刊资料中心《高中数学教与学》2014 年第 8 期全文转载。

增强了,写起长篇大论来自然不会吃力。笔者从 2007 年开始在个人博客上写教学反思。一开始,根本写不了几句话,句子也不是很通顺,内容更是单调,把教材分析一遍,把重难点罗列一遍,就算是反思了。但笔者还是每天坚持写,日积月累,句子通顺了,内容也具有可读性了,再加上其他教师时不时在笔者的博客下留言支持,这更加坚定了笔者写好反思的信念。教学反思写得差不多了,后来笔者开始写听课反思,再后来就是写论文。下面举一篇听课反思供大家参考。

如何将习题课演绎得更加有深度

——××中学听课有感

今天去××中学参加高效课堂活动,很遗憾,临时有事,只听了一堂课就匆匆赶回。好久没外出听课,心里总觉得憋得慌,思维也跟着僵化,找不着灵感,现在终于缓解了。

上课的内容是"抛物线焦点弦的性质",上课老师比较老练,讲解了很多焦点弦的性质,难度控制得很好,对学生的思维应该有所启发。这堂课还是比较规范的,但遗憾的是,从头到尾看不出任何"高效"之处,只是一堂普通的、带有探究性质的习题课而已。

若我们先抛开"高效"不讲,这堂课其实还可以进行如下优化,使其更加有深度。

(1)用讲义。课堂上的问题都是教师口头描述的,这就难免出现学生听不清楚或理解有误的情况,因此强烈建议把问题事先印在讲义上。

(2)改变上课套路。教师提问、学生解答是习题课的传统套路。如果继续沿用,显然创新不足。发现问题比解决问题更重要,如果让学生自己去发现这些性质,教师只提示发现问题的线索,就会更加有思维挑战性。

(3)发掘性质之间的联系。课上探究了三个性质,解答的思路大同小异:特征方程铺路,韦达定理助力。除了让学生会证明这些性质外,发掘这些性质之间的联系是非常有必要的。抛物线的性质并非孤立的,性质 2 和性质 3 两个性质其实就有内在的联系,教师要引导学生去发掘。

(4)渗透解题策略。圆锥曲线问题就一个字"繁",学生望而生畏。如何化繁为简,找到解题的捷径,对学生来说就显得尤为重要。以性质 3 为例,通常的代数方法显然太繁了,学生无法完成,最后还是教师把这种方法写完整的。但这样的做法对学生思维的培养到底有多大帮助呢?其实针对圆锥曲线问题,应该要知难而退,而不是知难而进。退一步海阔天空,想想有没有其他更好的方法,比如挖掘一下图形的几何性质,用几何的方法加以解决。我想,这才是重中之重。

很多数学教师抱怨自己的文采太差,跟文科教师比起来,句子干瘪无趣,毫无文学性可言。说实话,写论文并不需要太多的文采,把自己的所想所思流畅地表达出来,前后连贯,就是一篇好文章。文采不可强求,写熟了自然出彩。至于说数学教师一定写得比文科教师差,这可有点妄自菲薄。笔者审阅过很多文科教师的论文,文采是可以,但往往逻辑混乱,不知所云。数学教师就不一样,逻辑推理、因果论证乃是家常便饭,一旦论文写作入门,写出的文章绝不会逊色。

二、研究学生找"话题"

许多教师在翻阅数学论文期刊时,都不禁会发出这样的感叹:"这文章的观点有什么新意? 提出的建议我早就想到了。"感叹之余还不时露出一丝鄙夷。看到别人写的,自认为也能写;一旦自己动手写,却找不到可以写的话题。这就是很多教师的尴尬。实际上,就中学教师而言,找到一个"前无古人后无来者"的写作话题基本上是"小概率事件"。中学教师所谓的论文与纯学术意义上的论文是有差别的,并不特别强调全新的理论和严密的论证,只要表达了与教育教学、专业发展问题有关的思考,就能称得上是"论文"。比如,对自己的教学行为及对他人的教学行为的感性或理性思考,对自己阅读的教学论著的感悟性思考,或因生活中的发现而引起的对教学有借鉴意义的"迁移性"思考,付诸文字就是论文。因此,"新"并非中学教师论文选题的终极目标,贴近教学实际才是努力的方向。那么,从哪里找话题呢? 教学的主体是学生,服务的对象是学生,教师每天面对的也是学生,因此,从学生身上找最容易。比如,教师认为很简单的方法,为什么学生偏偏不理解? 教师要求学生学会反思,为什么学生偏偏懒得反思? 教师鼓励学生积极回答问题,为什么学生就是无动于衷? 这些问题如果深入思考的话,都是写论文的绝佳话题。

【写作经历回顾1】有的教师抱怨生源太差,怎么教成绩都上不去。那么恭喜你! 你拥有了论文写作的"金矿"。生源差必然问题多,但"问题即话题",研究这些问题,寻找解决问题的策略,把它们写出来,就是一篇篇论文。

生源差的教学往往会出现这样的"怪事":教师讲得越多,学生学到的越少;

教师写得越多,学生就越不想动笔;教师累得满头大汗,学生却优哉游哉。为什么会这样呢?很多教师把它归结为学生太懒。但学生为什么这么懒呢?是天生的吗?沿着这个思考方向,笔者的一篇名为《将"偷懒"进行到底——一堂高三复习课引发的思考》的论文(发表于《中小学数学(高中版)》2011年第7-8期)出炉了。本文先从一堂高三复习课入手,引发大家对"懒"的思考;接着提出了教师应该"偷懒"的建议,并且强调此"懒"非彼"懒",为教师"偷懒"正名;最后揭示了学生"勤"与教师"懒"的辩证关系:正是由于教师过分"勤快",导致了学生的"懒"。说白了,这篇文章实质上就是提倡"转变教师角色",要"发挥学生的主动性",都是老话题了,没什么特别的新意。但本文用"懒"精辟地道出了师生角色关系的实质,这就变成了亮点。

三、聆听专家学"理论"

文采具备了,话题也找到了,接下来就需要理论了。如果把论文形容成牛排的话,那理论就是夹杂在这块牛排肌肉组织间的脂肪,有了这些脂肪,被奉为"雪花牛肉"的牛排才能鲜嫩可口,备受推崇。但牛排的脂肪分布不宜太集中,含量也不能太高,超过了一定的界限,必然会过于油腻。论文中的理论部分也是如此:缺乏理论支撑,文章就显得单薄无力;理论过多,文章就显得空洞无物。理论应该要像"雪花牛肉"中的脂肪那样自然而恰到好处地融合在文章当中,这需要教师在写作中慢慢领悟。

现在的关键问题是,中学教师普遍缺乏教育教学理论知识。那么应该如何汲取理论的养分呢?阅读教育教学理论书籍是很好的方法。但面对浩如烟海的书籍,该如何选择?能抽出那么多时间进行阅读吗?即使书看了,能灵活引用这些理论吗?这些都是一线教师无法回避的问题。理论书籍自然要读,但事实上,还有比读书更快的学习理论的方法,那就是聆听专家的声音。当然,这里的专家并不是指那些顶级的专家,而是那些教学经验丰富、阅历深厚的特级教师、名师、骨干教师等。他们一般不会照搬现成的理论,而是结合自己的教学经历进行理论深加工,然后以一种非常具有亲和力的、接地气的方式呈现在你的面前,让你如梦初醒,茅塞顿开。尤其是在各类教研活动中,专家的点评、讲座往往就是教师写作理论的源泉。

【**写作经历回顾 2**】作为县里的师徒结对导师之一,笔者经常参加听、评课活动。笔者所在的小组中,有一位很令人佩服的特级教师——蒋亮老师。每次活动,他都会结合课例,给大家做一次精彩的讲座。各种深奥的教学理论,被他娓娓道来后,就不那么难懂了。笔者就是受益者之一,因为笔者发表的多数论文,都是参加带徒活动获取的灵感。

有一次,我们举行有关"平面向量"复习课的研讨活动,有多位教师开了课。在讲座中,蒋亮老师站在高等数学的高度向我们诠释了向量复习课的教学要领。笔者记下了其中三个要点:从知识系统的维度来选题,从重、难、易错点的维度来选题,从教育功能的维度来选题。转念一想,这不是一个现成的论文理论框架吗? 配上这几位老师的课堂实录,一篇名为《例谈数学复习课选题"三维度"——以"平面向量"复习课为例》的文章轻松出炉了(发表于《中学数学教学参考》2013年第 4 期)。在此文的基础上,笔者换了个写作角度,原来是写复习选题的,现在选题选好了,就谈谈如何让复习课有新意,于是一篇名为《切口宜求小,视角力求新——数学复习课教学"新思维"》的文章诞生了(发表于《中小学数学(高中版)》2013 年第 5 期)。案例还是这几个案例,但写作角度不一样,这就叫"一菜两吃"。

不可否认,刚开始写论文是痛苦的,但到后来是"痛并快乐着",再到后来则快乐远超痛苦。能静得下心来,敢于迈出第一步,这才是论文写作的核心"攻略"。

数学论文写作不妨追求"一菜多吃"①

——讲述论文写作背后的故事

全聚德烤鸭驰名中外,其吃法的多样化更是备受推崇:鸭胸脯外面的皮又酥又脆,片下来,直接蘸着白糖吃,入口即化;其余地方的皮和肉,片下来后,用面皮一包,裹上大葱丝,蘸甜面酱吃最开胃;剩下的鸭骨架,也不能浪费,和其他食材一起煲汤喝,回味无穷。一道菜,三种吃法,三种味道,实现了食材利用价值的最大化——一菜多吃。

其实,在数学论文的写作上,我们也可以做到"一菜多吃"。众所周知,写论文离不开素材,论文写作的过程实际上就是对素材进行整理、提炼、加工的过程。但是,发现有价值的写作素材却并非易事,正所谓"文章本天成,妙手偶得之"。很多教师抱怨论文不好写,产量更是难以保证,究其原因,或许是缺乏发现写作素材的眼光,但更主要的是在写作素材的利用上存在着"浪费"现象。好不容易找到一点写作素材,结果只写了一篇文章就扔掉了,这岂不是"浪费"?既然发现素材十分困难,那么我们在素材的利用上就应该"精打细算"。我们不妨借鉴全聚德烤鸭一菜多吃的做法,尝试一下立足于同一素材,打造不同的文章。

有一次,笔者参加县里高一期末联考网上阅卷,发现一个有趣的现象:在这次考试中,有两道关于立体几何空间角的解答题,有一个学校在高一就开始进行向量法解立体几何空间角的教学,于是,这所学校的学生在这两道题的得分上占尽优势。显然,在这次考试中,向量法功不可没。

这个事件其实就是论文写作的绝佳素材。笔者围绕这个事件,写了三篇不同类型的文章,实现了数学论文写作的"一菜多吃"。现在,笔者就谈谈当时写作的经历。

---

① 本文发表于《中学数学教学参考》2014 年第 11 期。

一、讲述问题发现的过程，引发思考与共鸣

1. 写作思路的形成

对高一学生来说，在立体几何中最难的莫过于求空间角。求空间角通常要作辅助线，即先把这个角作出来，然后证明所作的角就是所求的角，最后求这个角的大小，这就是传统几何法的求角"三部曲"。由于受到空间想象能力的制约，"作角"对高一学生来说并非易事。因此，学生迫切希望找到一种能够摆脱空间图形的约束、容易操作的求角新方法；教师也认为传统的几何法对学生来说太难掌握了，希望换种更好的方法来提高学生的解题效率。师生双方的共同需求导致了向量法的"早产"，原本要到高二才学的向量法在高一就学好了。于是，我们不禁要思考：在立体几何教学中，过早引入向量法是好事吗？正是这样的思考，为笔者第一篇论文的写作提供了方向。

我们通常都会有这样的疑惑：学生在没有接触向量法时，尚存在一定的空间想象能力，比如添加必要的辅助线、作简单的空间角等，但学了向量法后，学生的空间想象能力好像无形中被弱化了，原本会的一些常用的添加辅助线的技巧竟然全都不会了。难道向量法对于空间想象能力具有抑制作用吗？而对学习立体几何来说，空间想象能力是不可或缺的。

2. 文章结构的设计

上述分析明确了第一篇论文写作的基调，那就是不应过早引入向量法。但在高一引入向量法又有其现实的需求，那就是师生都希望走捷径。因此，为了让文章有足够的说服力，笔者决定对向量法过早介入立体几何教学的"得"与"失"进行对比分析，最终明确这样的做法实在是"得不偿失"。

文章的第一部分为"向量法在应试中大显'神威'"，着重用来描述"得"。以阅卷的结果作为"得"的切入口，从而突出向量法解决立体几何问题的优势。

文章的第二部分为"向量法在解题中凸显'尴尬'"，是用来说明"失"的。但到底"失"了什么，又从哪里看出来呢？只讲道理，空谈理论，当然不行。在前面对于"得"的描述中，考试的结果为"得"提供了数据支撑，因此，对于"失"的描述

也应体现以事实为依据的理性思维。于是，笔者就"杜撰"了一个课堂教学的情节：考试后，笔者到这个学校对应的班级上了一堂关于"立体几何空间角"的公开课，结果发现教学效果很不理想，学生不仅把"几何法"忘光了，对向量法也只是"一知半解""半生不熟"，根本不会灵活运用，从而进一步说明过早引入向量法导致了严重的"后遗症"。前后两件事，两种不同的结局，对比鲜明，文章的可读性自然就增强了。当然，"杜撰"的情节也并非凭空臆造。因为，笔者确实有过类似的教学经历，迫不及待地把向量法教了，结果学生在后续的学习中出现了很多问题。因此，这种"杜撰"是一种基于事实依据的、合情推理式的场景虚构，在论文写作中不妨多用。

文章的第三部分为"向量法导致学生思维趋向'僵化'"。这是对"失"的一种深层次的忧虑。因为过早引入向量法后，学生就会误以为向量法能够解决空间中所有问题，包括位置关系的证明、角度与距离的计算等。于是乎，不管遇到什么立体几何问题，统统用向量法去解决，向量法成了"万能方法""唯一方法"，学生的思维僵化了。这就不仅仅是"失"更多的问题了，而是直接影响了学生数学思维的发展，后果更严重。

第一篇论文从一个具体事件出发，发现隐藏在事件背后的问题，通过两个事件的鲜明对比，引发大家的思考与共鸣。文章共分为三部分，每一部分都以1～2个立体几何问题为载体，通过剖析学生的解题思路来发现问题、分析问题。至此，这篇论文正式打造完成。这篇文章更接近教学案例，于是笔者给文章取了一个案例式的标题《"成"也向量，"败"也向量——向量法提前介入立体几何教学引发的思考》。

二、立足问题存在的现实，进行放大与深化

1. 写作思路的形成

第一篇论文写好后，笔者总觉得意犹未尽。因为，第一篇论文主要阐述了向量法过早介入的危害，但在用向量法解立体几何问题的教学中还存不存在其他的问题？其他的问题是否会带来更大的危害？正是基于对这两个问题的思考，第二篇论文的写作思路就此打开了。

其实，教学中存在的很多"问题"都有一个共同点，那就是很多教师都没意识

到这是"问题"。这些"不是问题"的"问题",我们通常称之为"误区"。于是,文章的标题也很容易拟定了,就叫《例谈用向量法解立体几何教学的"误区"》。一看标题,就知道这是一般性教学论文的风格。

中国自古就以"三"为大,以"三"为多,因此一般来说,三个要点才构成一篇文章。对于第二篇论文来说,就需要找到三个能引发大家共鸣的"误区"。

2. 文章结构的设计

向量法的过早介入是其中的一个误区,因此文章的第一部分就是"过早引入向量法,导致学生思维懈怠"。虽然这和第一篇文章中提出的"过早引入向量法容易导致学生思维僵化"的观点略有出入,但其实不矛盾。向量法具有简便性、机械性,它产生的最直接后果就是学生懒得动脑筋,无论什么问题,套用向量法就行了。正如姜伯驹院士所指出的:平面几何之招人恨,在于它能透视出思维的品质(包括洞察力和说服力),靠死记硬背不容易过关。作为平面几何升级版的立体几何,估计更加招学生"恨"。因此,学生一旦学习了向量法,就犹如抓到了"救命稻草",也就懒得想其他方法了。所以,"过早引入向量法,导致学生思维懈怠"的描述是极为恰当的。

向量法是一种笼统的称呼,一般包含两种方法:一种是坐标法,前提是建立空间直角坐标系;另一种是非建系的向量法,借助基底的思想,把其他向量都转化为基底,直接进行运算。这两种向量法中,坐标法备受师生推崇,非建系的向量法基本被"打入冷宫",甚至很多师生把向量法等同于坐标法。于是"过度强调坐标法,导致学生思维僵化"自然成了文章的第二部分内容。"只见树木,不见森林",长期操练单一方法,思维不僵化才怪。

方法单一不行,方法多了就好吗?在论文写作中,恰当地运用辩证思想就不难找到可写的话题。文章的第三部分内容也有了——"忽视方法的选择,导致学生思维混乱"。很多教师很看重用一题多解的方式训练学生的解题思维,却忽视对方法取舍技巧的传授。解决立体几何问题的方法细分起来有很多,有几何法、坐标法、非建系的向量法,还有"回路向量法",教会学生什么时候用什么方法,确实是教学中不可忽视的重点。

这篇论文的灵感源于第一篇论文,其实是对第一篇论文所涉及问题的放大和深化。两篇论文,两种文体,相得益彰。

三、反思问题解决的途径，创新策略与方法

1. 写作思路的形成

针对同一事件，已经写了两篇论文，但笔者又发现这两篇论文的基调都是"贬义"和"批判"，都是在强调"不应该这样做"，那么在用向量法解立体几何的教学中应该如何做呢？这就为第三篇论文的写作提供了思路。

其实，对于用向量法解立体几何教学的探讨并不是一个新鲜的话题，相关的论文别人已经发表了很多，并且形成了一些行之有效、广为人知的解题策略和方法。论文写作有一项重要的原则，那就是创新。通过对前两篇论文的分析，我们发现用向量法解立体几何教学的关键是教会学生灵活地选择不同的方法去解题。具体表现在以下三个方面：一是学了向量法后不要忽视几何法；二是当坐标法成为主流时，不要忽视非建系的向量法；三是在一道题目中，能够综合运用多种方法。上述三个方面就是第三篇论文的核心内容，但若直接阐述，文章显然太过直白，缺乏新意，就很难发表。

那么如何创新呢？既然正面阐述没新意，那就来个"正话反说"，于是论文题目定为《例谈向量法解立体几何题的三大"歪招"》，借用三个具有贬义的成语作为三个要点的标题。

2. 文章结构的设计

"'歪招'一：朝三暮四"主要说明几何法和向量法不是对立的，几何法往向量法的过渡应该是一种循序渐进的过程。在"宠爱"向量法的同时不能"冷落"了几何法，要做到"朝三暮四"。

"'歪招'二：避重就轻"主要强调坐标法虽好，但并不是万能的，倘若学生过早尝到坐标法的"甜头"，恐怕其他方法的教学就要遇到阻力。因此，在向量法的教学中应该做到"避重就轻"，并不一定要急于向学生展示好的东西，应该先从非建系的向量法入手。

"'歪招'三：见风使舵"主要说明"什么题目用什么方法"在一般情况下是正确的，但不能把它教条化，否则容易故步自封。要根据题目的具体条件，学会"见

风使舵",这才是明智的做法。

这篇文章是对立体几何向量法教学的正面阐述,但鉴于平铺直叙缺乏新意,就采取了"正话反说"的方式。同样的内容,换种说法,这也是论文写作的一种技巧。

至此,就同样的写作素材,笔者从不同的角度,写了三篇不同文体、不同内容的论文,实现了论文写作的"一菜多吃"。当然,要实现论文写作的"一菜多吃",不一定要套用上述写作思路,还有很多其他途径。比如,写作时可以从宏观到微观、由粗到细逐层展开。就拿笔者写关于"如何写数学论文"的文章来说,最初写了一篇名为《把握写作时机,捕捉创意灵感——讲述数学论文写作背后的故事》的论文,这是对论文写作技巧"微观"层面的阐述;随后写了一篇名为《漫谈数学论文的写作"攻略"》的论文,这是对论文写作技巧"宏观"层面的阐述;现在,又构思了本文,显然是对论文写作更加"微观"层面的思考,也是对前两篇论文的细化和补充。这种"主题化""系列化"的写作思路当然也是实现论文写作"一菜多吃"的有效途径。

有多少教学"意外"可以重来

　　"意外",从字面上理解就是意料之外、料想不到的事件,可以指坏事,也可以指好事。意外撞车、意外受伤,让人避之唯恐不及;意外中奖、意外重逢,大家则心向往之。从某种意义上讲,"意外"成就了人生的精彩。试想一下,如果什么事情都在预料之中,那生活还有什么乐趣可言?

　　在教学中也会有意料之外的事发生,但其中有些纯属"教育事故",比如,教师上课时与学生吵起来了,课堂上学生打起来了,学生突然从课堂上跑掉等,这些事故当然一定要杜绝。正面的教学"意外",从专业的角度讲,是指教师的课前预设与实际教学过程在某个或若干个节点上发生了冲突,从而迫使教师的教学行为与教学进程发生改变。比如,老师问小明同学问题,但小明同学的回答却不是老师预想的那个答案,老师再问其他同学,结果小丽同学又提出了一个让老师一时无法解释的新问题,连续两起"意外"令老师措手不及,使得老师不得不重新调整原有的教学计划。教学"意外"无法预料,如果处理得当,却可以成就课堂的精彩。在我二十多年的教学生涯中,有很多"意外"令我印象深刻。

　　这里讲讲我从教以来遇到的最值得纪念的"意外"。那是我第一次参加县里的青年教师课堂教学评比。"二分法求方程近似解"虽然是新增的内容,之前从来没有上过,但我对"二分法"却不陌生。那时,央视的一档叫"幸运52"的综艺节目颇受观众的欢迎,里面有个商品竞猜的环节,主持人李咏指着一件电器,让嘉宾猜它的价格。

　　嘉宾:2000 元。

　　李咏:高了。

　　嘉宾:1000 元。

　　李咏:低了。

　　嘉宾:1500 元。

　　……

　　嘉宾在规定的次数内猜中价格,就可以拥有这件商品。嘉宾先估计出商品价格所在的区间,比如,上面的电器的价格就在 1000～2000 元这个区间内波动,取其中间值 1500 元,如果 1500 元高了,那么可以断定商品的价格在 1000～1500

元这个区间内;再取中间值 1250 元,如果高了,那么商品价格就在 1000～1250 元这个区间内,如果低了,商品价格则在 1250～1500 元这个区间内;接下去再取中间值,不断重复,最终获得正确的商品价格。上面用到的就是"二分法"。当然,有人不按套路出牌,凭借经验再加上运气,一下就能猜中价格,但不可否认"二分法"是一种比较科学的方法。

大家都知道"猜商品价格"这件事与"二分法"有关,想来在比赛时很多人都会用,如果我再拿来用,那就太没有新意了,所以我要另辟蹊径。我在一本少儿通俗读物中发现了一道智力题:8 个银圆中混进了 1 个大小和形状完全一样的假银圆,已知假银圆比真银圆稍轻点儿,你能用一台天平称 3 次找出假银圆吗?

书中的答案:

第一步,把 8 个银圆分成两等份,放在天平的两端称一次,则假银圆一定在较轻一端的 4 个银圆中;

第二步,把较轻一端的 4 个银圆分成两等份,放在天平的两端称一次,则假银圆一定在较轻一端的 2 个银圆中;

第三步,把较轻一端的 2 个银圆放在天平的两端称一次,就可以找到假银圆。

只需称 3 次就可以找出假银圆,运用的就是"二分法"原理。这个例子显然更符合学生的口味,操作中也少了运气的成分,不用担心课堂上会节外生枝。我如获至宝!

比赛是在另外一所学校上课,在此之前,我在自己学校的班级试上了好几次,效果和预期的一样好。可是比赛当天,我把称银圆问题抛出后,没有等到预期的答案,而是听到有学生说:"只要称两次就好了,把银圆分成三份……"这时我就知道坏事了,学生不按套路出牌,我也没有准备好应对的牌啊,只能故作镇静,问道:"你确定分成三份的操作可行?"原本想把学生唬住,让他改变主意,可学生信誓旦旦地说:"一定可以。"也怪自己太年轻,应对经验不足,如果换成经验老到的教师,就会让学生把这个想法先放一放,说"我们课后再讨论",或者先肯定学生的想法,再问其他学生有没有另外的想法。当时,我只知道不能与这个学生再纠缠下去,于是直接略过了这个学生,果断地选择让另一个学生回答,终于得到了我要的答案,这才如释重负。

教学总算进入预期的轨道,但刚才那个"意外"却让我感到一丝不安。那个学生的想法到底对不对？我一边上课，一边思考着这个问题。

先把银圆分成 3 个、3 个、2 个三份，然后，把其中两份 3 个的放在天平两端，会出现以下两种情况：

如果天平不平衡，就找到重量轻的这一份，挑选其中的两个放在天平上，如果天平不平衡，则重量轻的那个就是假银圆；如果天平平衡，则剩下的这一个就是假银圆。这样算起来一共称了两次。

如果天平平衡，那么假银圆一定在剩下的两个当中，把这两个银圆拿出来再称，重量轻的就是假银圆。同样一共称了两次。

学生的想法不仅是对的，而且在效率上比"二分法"还更胜一筹。面对学生正确的观点，教师怎能选择置之不理？如果换成平时，蒙混过关也未尝不可；可这回是比赛，处理不当就要坏事。

虽然知道是自己疏忽了，但我实在没有勇气在课堂上直接承认自己的错误。如何找到两全其美的办法？分成两份叫"二分法"，那么分成三份是不是可以叫"三分法"？依此类推，还有"四分法""五分法"……分的份数越多，是否效率就越高？有了这个想法后，在临近下课时，我特意让那个学生把自己的想法再表述一遍，然后，问其他的学生这个想法是否正确。当所有的学生都认可这种方法后，我顺水推舟，大力赞赏那个学生的智慧，称他发明了"三分法"，一种比"二分法"还先进的方法。当那个学生露出自豪的表情，全班的掌声同时响起时，我就知道这次"意外"已经被我完美化解了。

或许是我在课堂上的表现打动了评委，我"意外"地拿到了本次比赛的一等奖。但这次"意外"究竟是怎么发生的？为何这么多次试教，我的学生没有提出类似的方案？唯一的可能性是自己学校的学生基础一般，考虑问题比较简单；而我比赛时讲课的班级，拥有县里一流的生源，学生有新的想法一点也不奇怪。其实，现在回想起来，当时我在选择"假银圆"例子时就欠考虑，既然是考验智力的问题，很大程度上应该是开放的、发散的，答案怎么会是唯一的呢？

这次"意外"有惊无险，我心中感触颇多，这不是最好的写作素材吗？于是，教学案例文章《本不该发生的课堂"意外"》顺利出炉。这是我第一次写教学案例文章，难免文笔生涩，不够流畅，但幸好表达还算清楚。这篇论文也"意外"地在数学核心期刊《中学数学教学参考》上发表，或许是因为这次"意外"引发了编辑的共鸣，对其他老师来说也有一定的借鉴作用。

有些"意外"的发生可以归结为备课不充分,但有些却是缺乏课前沟通所致。有一位老师的"意外"就是这样发生的。这位老师也是借班上课,讲的是一道题目的解法,如下。

例 1 如图,在 $\triangle ABC$ 中,O 是 BC 的中点,过点 O 的直线分别交直线 AB,AC 于不同的两点 M,N,若 $\overrightarrow{AB}=m\,\overrightarrow{AM}$,$\overrightarrow{AC}=n\,\overrightarrow{AN}$,则 $m+n=$ _____。

题目一给出,立马有许多学生直接报出答案"2",还有部分学生讲出了题目背后的结论。显然,老师要讲的,学生都已经知道了,那这课还有什么好上的?备好的课要作废,我想当时这位老师一定非常后悔,为何不先打听一下这道题学生做过没有?

我把这节课所发生的"意外"称为"撞题"。爱美的女生害怕什么?恐怕其中之一就是本以为自己穿了一件限量版的潮服,结果走在大街上发现有人穿得和自己一模一样,而且比自己还合身。如果说"撞衫"影响的只是愉快的心情,大不了从此把这件衣服打入"冷宫"不再穿,那么"撞题"就会让老师头疼,令人感觉前功尽弃,骑虎难下。借班上课有风险,上课老师需谨慎。幸好,这位老师面对"撞题",做到了处变不惊。

这位老师先请一个学生到黑板上做题,学生三下五除二就解决了问题:

因为 $\overrightarrow{AO}=\dfrac{1}{2}\overrightarrow{AB}+\dfrac{1}{2}\overrightarrow{AC}=\dfrac{m}{2}\overrightarrow{AM}+\dfrac{n}{2}\overrightarrow{AN}$,且 M,N,O 三点共线,

所以 $\dfrac{m}{2}+\dfrac{n}{2}=1$,即 $m+n=2$。

然后,老师冷静地说道:"这是道填空题,对于填空题,我们可以采取特殊的方法来应对,大家有没有更好的方法?"

这个问题对于学生来说,显然也是个"意外"。

老师接着说:"题目中并没有指明 M,N 两点落在何处,也就是说,M,N 不论落在何处,$m+n$ 的值应该是固定不变的。既然如此,我们不妨让点 M 运动到点 B 的位置,则点 N 必然和点 C 重合,那么 $\overrightarrow{AB}=\overrightarrow{AM}$,$\overrightarrow{AC}=\overrightarrow{AN}$,$m+n=2$ 是不是就立即求出了?"一语惊醒梦中人,学生想不到题目还可以这样做,学习的兴趣一下子被激发出来。

这位老师先用"特殊法"来试探学生的反应,发现学生没有学过后,再趁热打

铁，从"特殊法"上升到"坐标法"，进一步探索新的结论，从而成功地化解了"撞题"这个"意外"。

是不是细致备课就一定能杜绝"意外"的发生呢？俗话说得好：智者千虑，必有一失。老师备课从理论上讲不可能做到万无一失，何况上课时还要和学生互动交流，一旦放开让学生讲，"意外"发生的概率还是会上升，除非不让学生开口。我就曾经听过这样的课：对于一道非常难的数学题，老师从问题分析讲到解题线索的发现，再到解题过程的书写，一气呵成，中间不带半点停顿，乍一看非常精彩。事实上，对于这道难题，即使"高手"也不能马上找到突破口，但在这位老师手里却根本不算事；再看学生，虽然满脸崇拜，但也流露出一丝迷茫。课后，我特意和那位老师进行了交流。

"这么难的题，你怎么这么熟练就解出来了？而且讲得还那么流畅？"

"不瞒你说，这题确实难，我也想了很长时间，记了很长时间，今天才能这么顺利地完成任务。"

"在讲题之前，你怎么不让学生先解解看，或者让学生提提问题？"

"这样的话，我备得好好的课就上不完了。"

这位老师的高明之处在于，先熟练地记住解题的过程，然后通过先入为主的手段控制学生的思维走向，巧妙地剥夺了学生质疑、犯错的权利，在避免"意外"发生的同时，还让学生沉迷于解题表演，享受由此带来的似懂非懂的快感。

减少师生对话，固然阻止了教学"意外"的发生，但也滋生了老师对课堂的控制欲望，造成了"一言堂"与"填鸭式"教学，真是得不偿失。正如我前面分析的，只要老师与学生的观点或想法存在差异，只要有交流，就有"意外"发生的可能性，教学"意外"无法从根本上避免，老师能做的就是学会正确应对。面对"意外"，有的老师选择"无视"，不管外面风吹雨打，我自闲庭信步；有的老师选择"敷衍"，抛出一句永远不会兑现的承诺——"下课再讨论"；有的老师选择直接"面对"，却让自己陷入进退维谷的境地。因此，应对"意外"恰恰是对老师教学智慧的最大考验。

有时候，为了达到某种教学效果，老师还需要时不时给学生制造一点"意外"。例如，为了让学生认识到二项分布和超几何分布的期望是相等的，我故意制造了一个"巧合"的"意外"。

例 2 （1）一个袋子里装有 3 个红球和 2 个白球，从中任取 2 个球，求其中红球个数 ξ 的期望；

（2）一个袋子里装有 3 个红球和 2 个白球，从中有放回地取 2 个球，求其中红球个数 η 的期望。

解：分布列如下表。

ξ	0	1	2
P	$\dfrac{C_2^2}{C_5^2}$	$\dfrac{C_2^1 C_3^1}{C_5^2}$	$\dfrac{C_3^2}{C_5^2}$

η	0	1	2
P	$C_2^0\left(\dfrac{2}{5}\right)^2$	$C_2^1 \times \dfrac{2}{5} \times \dfrac{3}{5}$	$C_2^2\left(\dfrac{3}{5}\right)^2$

（1）$E(\xi) = 0 \times \dfrac{C_2^2}{C_5^2} + 1 \times \dfrac{C_2^1 C_3^1}{C_5^2} + 2 \times \dfrac{C_3^2}{C_5^2} = \dfrac{6}{5}$。

（2）$E(\eta) = 2 \times \dfrac{3}{5} = \dfrac{6}{5}$。

果然，马上就有学生说："这么巧，这两道题的答案竟然一样！"其他学生也纷纷附和。于是我故意说："要不，我们再换个条件试一试。"把这两道题中"求其中红球个数的期望"改成"求其中白球个数的期望"，结果答案也都是 $\dfrac{4}{5}$。再改一改，把球的数量增加，红球改为 10 个，白球改为 5 个，"取 2 个球"改为"取 4 个球"，结果红球个数的期望还是一样，都是 $\dfrac{8}{3}$。

"这难道真不是巧合？"学生跃跃欲试，纷纷进行试验，场面非常热闹，久违的探究激情就在那一刻迸发。学生经过试验，得到了一个结论：袋中装有 m 个红球，n 个白球，从中任取 r 个球（$r \leqslant m, r \leqslant n$），则其中红球个数 ξ 的期望和二项分布 $B\left(r, \dfrac{m}{m+n}\right)$ 的期望值相等，都为 $E(\xi) = \dfrac{rm}{m+n}$。

一次人为制造的"意外"犹如炎炎夏日里的冰淇淋，为学生带来意外的清凉，为教学带来意外的收获。如果说制造"意外"可以作为一种教学手段，那么"意外"自然就是一种难得的教学资源。

　　"意外"的价值不仅仅如此,更重要的是借助"意外",研究学生,反思教学,把"意外"当成自我专业发展的驱动力。我也要感谢教学"意外",它让我收获了教学生涯中第一个一等奖,迎来了发表的第一篇论文,找到了课题研究的方向……所以说,教学"意外"并非坏事,它可能是难得的机遇。想一想,在你的教书生涯中,还有多少"意外"可以重来?

相关论文

本不该发生的课堂"意外"①

　　某年 10 月中旬,笔者有幸代表学校参加了县高中数学青年教师课堂教学评比活动。这次参赛的经历和过程让人感慨颇深,尤其是课堂上的一次"意外"让人印象深刻。

一、问题情景创设

　　上课的内容是"用二分法求方程的近似解"。为了上好这节课,笔者开始了精心准备。建构主义教学理论认为:"知识并非被动地接受,而是有认知能力的个体在具体情境中与情境相互作用而建构出来的,这样获得的知识才能真正为学生所拥有。"情景的创设非常关键,有时甚至成为一节课的亮点。我们常说,数学源于生活,利用学生所熟悉的生活实例来创设问题情景有利于激发学生学习数学的热情,更加有利于开展探究式教学。最初,经过思考,笔者决定再现"幸运52"中的猜价格游戏的场景,让学生经历快速猜中商品价格的游戏过程,引导学生探究得到"二分法"理论。但经过与同行的交流及自己的斟酌,笔者觉得猜价格游戏存在太多的随机性和偶然性,而且我们平时在猜价格的时候也并不是完全遵循"取中点,二分区间"的思想,即使遵循"二分法"的思想,也不一定能最快猜出商品的价格。因此从猜价格游戏中引出"二分法"显然太过牵强。后来,笔者在一本少儿通俗读物中发现了一道智力题:

---

　　① 本文发表于《中学数学教学参考》2008 年第 1-2 期。

8 个银圆中混进了 1 个大小和形状完全一样的假银圆,已知假银圆比真银圆稍轻点儿,你能用一台天平称 3 次找出假银圆吗?

这个问题很容易解决。

第一步,把 8 个银圆分成两等份,放在天平的两端称一次,则假银圆一定在较轻一端的 4 个银圆中;

第二步,把较轻一端的 4 个银圆分成两等份,放在天平的两端称一次,则假银圆一定在较轻一端的 2 个银圆中;

第三步,把较轻一端的 2 个银圆放在天平的两端称一次,就可以找到假银圆。

"取中点,二分区间,逐步逼近",这不就是"二分法"的精髓吗?而且这道智力题对高中生来说应该非常简单,用它来创设问题情景,引出"二分法"理论,笔者认为最好不过了。笔者在任教的学校进行了几次试讲,这堂课确实达到了预期的效果。

二、课堂情景实录

比赛在另外一所中学举行,这所学校的学生的综合素质水平要比笔者任教的学校高很多。笔者一展示这个问题,马上就有许多学生响应,其中一个学生回答了这个问题。

生甲:首先把八个银圆分成三份,其中两份三个,一份两个……

师 :分成三份,能在三次内称出假银圆吗?(打断了学生的回答)

生甲:当然能,把三个的那两份先在天平上称一次,若天平平衡,则假银圆一定在剩下的两个中,然后只需再称一次就可确定假银圆。否则假银圆一定在较轻那一份的三个中,那么在这三个银圆中任取两个称一次,若天平平衡,则剩下的那个就是假银圆;否则较轻的那个就是假银圆。(学生讲的速度比较快,有些含糊不清)

师 :这恐怕不止称三次吧?(当时根本没有仔细分析学生的方法,直觉上认为分的份数越多,称的次数也越多)

生甲:可以的。

师 :其他同学认为可以吗?

教室里开始议论纷纷，有的说行，有的说不行。

师：其他同学还有不同的方法吗？

生乙：分成两等份……（终于等到期望中的方案了，这节课朝着预期的方向顺利进行）

在随后的上课过程中，学生甲的方案在我脑海中挥之不去，天呐，两次就可以称出来了！我反复揣摩，希望能找到其中的错误，但学生确实是对的，不仅正确，而且只需两次就可以称出来了，在备课时我怎么从来没考虑过？怎么会犯这么低级的错误？我顿时有些慌乱，但经验告诉我，此时必须冷静，要想出个万全之策。

课堂教学是师生互动的过程，是心灵交汇、智慧碰撞的场所。教师应该积极鼓励学生参与课堂活动，要善于倾听学生的不同见解，并进行积极的评价和反馈，何况"真理"在学生一方，教师更应该勇于面对自己的错误。若一开始我能够仔细分析学生的方法，就不会出现这样的疏漏，事情处理起来也会容易许多。但大半节课已过去，现在才纠正自己的错误是不是为时已晚？更严重的是，会不会冲淡这堂课的主题？因为这种方法显然和"二分法"无关，那么费尽心思创设的问题情景就失败了……

正当我左右为难时，这堂课已接近尾声，最后一部分内容是为开阔学生的视野、体现数学的文化价值而设计的，主要是向学生介绍除"二分法"以外的其他求方程解的方法，如牛顿法、弦截法、求根公式法等，我顿时有了灵感。

师：现在我们再次探讨刚才的"假银圆"问题，刚才那个同学把银圆分成三份到底能不能称出假银圆，需要称几次？（学生马上开始讨论）

师：是不是只要称两次就够了？刚才那个同学的想法非常好，是老师一时疏忽没有想到，现在我们用热烈的掌声表示对这位同学聪明才智的肯定。（掌声雷动）

师：既然把银圆分成三份能找出假银圆，那么把区间一分为三能不能找到方程的近似解呢？

生：能。

师：把区间一分为二叫二分法，若把区间一分为三或者一分为四呢？

生：三分法，四分法。

师：对，除了二分法外，我们还有三分法、四分法，它们的数学思想和二分法类似。

若把区间分成多份,设计好算法程序,利用计算机在多个区间内同时寻找方程的近似解,这样速度岂不是更快?

……

自己的疏忽终于得到圆满的解决,我长长舒了一口气。

三、课后反思

1. 这个"意外"本可以避免

课堂教学是一个多变量的动态系统,在该系统的运行过程中,不单存在知识的传授、智能的培养,还存在教师与学生的情感沟通,存在学生之间的思想交流,同时存在师生与外界环境的多侧面、多层次的相互作用,因而在课堂教学中,难免会有各种"意外"发生。但有些"非正常意外"的发生是可以避免的。以这节课为例,以"假银圆"这个问题为背景引入"二分法",显然比"猜价格"更恰当、更新颖,但问题的解决方法往往不止一种,因此在备课的过程中应该多角度、多层次综合考虑各种可能性,既要重视问题情景的正面作用,又不能忽视其反面影响。

比赛前,笔者在自己任教的学校试讲过好几次,但没有一个学生发现这个问题,他们的反应和我预期的一样;但换了所学校,换了不同的学生,就出现了"意外"。因此,备课不仅要钻研教材和教法,还要深入研究学生。学生是学习的主体,不同层次的学生具有不同的知识结构和认知水平,思考问题的角度和广度都不一样,只有全方位地认识不同的学生,才能设计出切实可行的教育教学方案。在教学过程中,教师应该鼓励学生大胆提出问题,积极参与课堂活动,应该细致分析学生的想法和见解,并及时作出积极的评价和反馈。具体而言,若笔者在上课时能重视学生提出的方法,克服自己思维定式的影响,这个"意外"完全可以避免。

2. "意外"发生后的应变能力更重要

课前准备再充分,考虑问题再仔细,面对纷繁复杂的课堂,"意外"仍然会发生。出现"意外"并不全是坏事,它恰恰反映了学生主动参与课堂活动的程度,因为只有在学生的思维被充分激发的课堂,出现"意外"的机会才最多。因此,如何灵活妥当地处理"意外"事件就显得尤为重要，它不仅关系着课堂教学的成功，而且是衡量教师教学智慧的标尺，可以检测教师应变艺术的水准。马卡连柯说："教育技巧的必要特征之一就是随机应变的能力。有了这种能力，教师才可能避免刻板的公式，才能估量此时此地的情况特点，从而找到适当的方法并正确运用。"课堂教学应变艺术是一种高明的艺术，课堂上很多偶发事件是事先预料不到的，教师应因势利导，随机应变，将意外情况与讲授内容快速、合理地契合并巧妙地融进自己的教学中，即"借题发挥"。

这种灵感性的发挥创造，是课前备课在课堂上的延伸，是教师知识的积累，是各方面修养及激情在瞬间的高度凝结。具有智慧的教学，可以把偶发事件、失误等弥合在行云流水般的教学活动中，并做到天衣无缝，在"山穷水尽"的关头，也只需顺水推舟就能化险为夷，达到"柳暗花明"的境界。

"自圆其说"是一种精神

一次听课时,课堂上正在展开关于"椭圆离心率"定义的探讨,有学生问老师:"$\frac{b}{a}$ 越大,椭圆越圆;$\frac{b}{a}$ 越小,椭圆越扁。$\frac{b}{a}$ 同样可以表示椭圆的圆扁程度,为何椭圆的离心率不用 $\frac{b}{a}$ 来定义,却用 $\frac{c}{a}$?"在座的听课老师,包括我,都是第一次见到有学生质疑"数学概念为何这样定义"。上课老师虽然愣了一下,但随即就说:"因为这是人为的规定,如果你生在那个时代,你也可以规定用 $\frac{b}{a}$ 表示椭圆的离心率。"

这位老师的回答不仅带有权威性,似乎还能从某种程度上引发学生对穿越时空争当数学家的幻想,那么是否就意味着,以后应对类似的"意外",都可以拿"人为规定"当作挡箭牌?

为什么 $1+1=2$? 人为规定。

为什么直线的斜率 $k=\tan\alpha$? 人为规定。

为什么 1 弧度为 $\frac{180°}{\pi}$? 人为规定。

……

既然人为规定好了,那么老师上课时何必大费周章? 直接把规定拿出来让学生背岂不更好? 再说,即使是生活中的人为规定,也并不是乱规定,也要遵循合理性、科学性的原则,更何况是逻辑严密的数学? 离心率 $e=\frac{c}{a}$ 的背后也必然隐藏着某种逻辑。经过一番思考,我找到了两点理由。

一是为了与"定义"保持一致。不论是椭圆的定义——平面内到两定点的距离之和等于定长的点的轨迹是椭圆(这里的两定点间的距离是 $2c$,定长为 $2a$,$2a>2c$),还是圆锥曲线的统一定义——到定点的距离与到定直线距离的比值为常数 $\frac{c}{a}$ 的点的轨迹,定义中都没有涉及字母 b,那么在规定离心率时最好也避免使用字母 b。

二是为了与"数学史实"保持一致。数学中引入圆锥曲线,就是为了研究天体运动,在天文学中,离心率又叫偏心率,表示的是行星运动轨道偏离圆形轨道的程度,它就是用 $\frac{c}{a}$(即涉及两定点间距离 $2c$,定长 $2a$)来表示的。

那么,是不是凭这两点理由就可以断定,当初数学家在规定 $e=\frac{c}{a}$ 时,一定是这样考虑的? 事实上,和历史上的一些谜案一样,很多数学真相淹没在历史长河中,无从考证。离心率为何要这样规定,教材中没有说明,文献中也查不到,上面的理由只是我的一种合理推测,虽然无法得到权威证实,但至少能够自圆其说。

受到这件事的启发,我写了一篇名为《数学概念教学贵在"自圆其说"——由椭圆离心率的定义引发的教学思考》的教学案例,发表在《中学数学教学参考》上。文章中的"教师乙"表达了对离心率的深刻认识,增添了文章的可读性。这次事件对老师而言也是一次警示:一定要对数学概念的来龙去脉有足够的了解。

让我印象很深的还有一例。在上"对数的概念"时,有学生提出"为什么称以 10 为底的对数为常用对数,称以 e 为底的对数为自然对数"的问题。这个问题比"离心率"更加难以解释,"离心率"的问题是对两种数学定义的比较,类似于"这个人为何不叫张三而叫李四",而现在的问题是"张三为何叫张三"。事实上,不仅学生有这样的疑问,很多老师也有这样的疑惑。"常用对数""自然对数"的名称是怎么来的? 现行的教材并没有给出任何解释和说明,各种教辅资料中也找不到相关的线索。

我们都清楚,一般父母并不是随便给孩子起名的,往往赋予美好的寓意:可以是对孩子的期望,例如旺财、昌官、长生、耀祖等;也可以是时代的印证,例如建国、建军、国庆、爱国等。现代人起名"脑洞"似乎更大,什么"王者荣耀""刘小灵通""高富帅"信手拈来。当然不可否认,这些名字也是有寓意的。同样,数学对象的名称也是有寓意的。

先看看"对数"是怎么产生的。历史上,对数要早于指数被发明出来,发明对数的目的就是简化运算。我国很早就发明了算盘,基本能够应对比较大的数据的运算;但欧洲没有算盘这样的计算辅助工具,运算基本靠手工,尤其是 17 世纪航海与天文学得到迅速发展后,科学家所面对的计算越来越复杂,耗费的时间也越来越长,简化运算、提高运算效率,在那个时代呼声高涨。

一般运算从低到高被分为三级,其中加法、减法运算是第一级运算,乘法、除法运算是第二级运算，乘方、开方等运算就是第三级运算。第一级运算最为简单，简化运算的基本思路就是把第二级、第三级运算转化为第一级运算。17 世纪已经出现了利用三角函数积化和差公式来实现乘除法运算到加减法运算的转化，它是怎么操作的呢？

例如，计算 16×256 的值，先把 16 与 128 这两个数转化为 0 到 1 之间的数，$\frac{16}{100} = 0.16, \frac{256}{1000} = 0.256$，从而令 $\sin\alpha = 0.16, \sin\beta = 0.256$；

查反正弦三角函数表，找出与函数值对应角的大小，

得到 $\alpha \approx 9.2069°, \beta \approx 14.8328°$；

查余弦三角函数表，

得到 $\cos(\alpha + \beta) = \cos(9.2069° + 14.8328°) = \cos24.0397° \approx 0.913263$，

$\cos(\alpha - \beta) = \cos(9.2069° - 14.8328°) = \cos5.6259° \approx 0.995183$；

再代入积化和差公式 $\sin\alpha\sin\beta = -\frac{1}{2}[\cos(\alpha + \beta) - \cos(\alpha - \beta)]$，

得到 $\sin\alpha\sin\beta = 0.04096$；

最后，把 0.04096 这个值乘上 100000，得到 $16 \times 256 = 4096$。

这并非理想的计算方法，因为它不仅需要多次查找三角函数表，还存在致命的缺陷。例如，计算 1666666×1666665 的值，转化为 0 到 1 之间的数，变成 $0.1666666 \times 0.1666665$，分别把这两个数作为正弦值，那么它们所对应的角差别非常小，几乎相等，如果事先不对数据进行处理，就会造成严重的误差。

对数发明后，这种落后的运算方式自然遭到淘汰。对数简化运算的操作就简单得多，直接对 16×256 取对数得 $\log_2 16 \times 256 = \log_2 16 + \log_2 256 = 4 + 8 = 12$，再查以 2 为底的对数表，得到 $16 \times 256 = 4096$，非常快捷，唯一不便的是需要查对数表。平方表、立方表、平方根表、对数表等数学用表在那个时代非常流行，"一表在手，运算不愁"，这就是那个时代的特色，正所谓"辛苦制表师一家，造福所有数学家"。

由于对数在简化运算上的非凡表现，恩格斯把"对数"看作 17 世纪最伟大的数学三大发明之一，与微积分、解析几何并驾齐驱。既然如此，那么是否可以从简化运算的角度对"常用对数"的"常用"作出合理的解释呢？

$\lg10 = 1, \lg100 = 2, \lg1000 = 3$，

lg0.1＝－1,lg0.01＝－2,lg0.001＝－3。

观察上面的运算,很容易发现:10 的正整数幂的常用对数值等于真数里 0 的个数;10 的负整数幂的常用对数值是一个负数,它的绝对值等于真数的小数点后面的位数。

对于非 10 的整数幂的常用对数,虽然不能求出它的精确值,但很容易估计这个值所在的区间,比如,lg314∈(2,3),lg314159∈(5,6),其运算规则是 lg$N$∈(N 的位数－1,N 的位数)。

以上运算性质是以 10 为底的对数所特有的,特别方便估算,甚至可以利用这个性质计算一些看似很难计算的问题。

例如,计算一个 35 位正整数的 31 次方根的整数部分是多少。

这个问题看上去很吓人,实际上利用对数很容易解决。

设这个 35 位正整数为 A,其 31 次方根为 x,

则 $\sqrt[31]{A}=x \Rightarrow \lg \sqrt[31]{A}=\lg x \Rightarrow \lg x=\dfrac{\lg A}{31}$,

因为 $\lg A \in (34,35)$,所以 $\lg x \in \left(\dfrac{34}{31},\dfrac{35}{31}\right) \Rightarrow \lg x \in (1.097,1.129)$ 。

查常用对数表发现只有 $\lg 13 \in (1.097,1.129)$,所以 x 的整数部分为 13。

这道题可以进行变式,比如:计算 13^{31} 的位数,求一个 20 位正整数的 60 次方根的整数部分。

江苏卫视有一档很有名的综艺节目叫"最强大脑",里面经常会出现一些能人异士,其中就有在计算方面特别厉害的。如果有人能迅速讲出上面这些题目的答案,你不要觉得太惊奇,他们只是记住了常用对数表而已。

以 10 为底的对数之所以被称为"常用对数",除了它本身具有天然的运算优势外,还有一个重要的因素,那就是常规计算我们用的都是十进制,假如以 10 为底的对数称不上"常用",谁还有资格称得上"常用"?

自然对数为何"自然"? 这个问题不太容易解释,涉及自然常数 e 的由来。自然常数 e 在数学中的地位不亚于圆周率 π,但我们对于自然常数 e 的了解远远没有对圆周率 π 的了解那么深刻。圆周率 π 可谓家喻户晓,一般孩子都会背圆周率的小数点后的前 6 位,想要记住更多的位数,就把这首顺口溜背一背:山巅一寺一壶酒(3.14159),尔乐苦煞吾(26535),把酒吃(897),酒杀尔(932),杀不死

(384),遛尔遛死(6264),扇扇刮(338),扇耳吃酒(3279)。

自然常数 e 是在制作对数表的时候被发现的。当时,制作对数表采用纯手工运算,选取的底数不同,制作出的对数表的精度也不一样,因此底数的选择很重要。

如果以 10 为底制作对数表,lg10 是 1,lg100 才是 2,那么从 10 开始,每增加一个单位,它们的对数值的差距就会很小,比如,lg11,lg12 之间只差了 0.03,lg11.1,lg11.2 的差距更是可以忽略不计。

如果以 2 为底制作对数表,$\log_2 11$,$\log_2 12$ 之间就会有明显的差距,但以 2 为底也并非最好的选择,制作出来的对数表的精度无法满足要求。

经过一番探索,数学家们发现,以 b^{10000} 为底数制作对数表,其中 b 越接近 1,相应的真数间隔越小,制成的对数表也就越精确。于是,数学家们开始尝试分别以 1.1^{10000},1.01^{10000},1.001^{10000} 等为底数制作对数表,进而发现,以 $\left(1+\dfrac{1}{n}\right)^n$ 为底数制作对数表,n 越大,其精确度就越高。进一步研究发现,当 $n \to +\infty$ 时,$\left(1+\dfrac{1}{n}\right)^n \to e$。

自从自然常数 e 被发现后,自然界中的很多现象都可以用以 e 为底的对数或者指数函数模型来刻画,例如人口增长公式、核衰变公式、气压公式等。由此可见,自然对数之所以"自然",一是因为它是在制作对数表时被"自然发现"的,二是因为它是刻画"自然界"变化规律的重要方式。

事实上,还有更好的办法让学生体会到 e 为什么"自然"。

$(1+0.01)^{365} \approx 37.78$,$(1-0.01)^{365} \approx 0.0255$,这是前几年风靡网络的"励志"公式,这两个公式表达了"每天进步一点点,一年的进步不可估量;每天退步一点点,一年的退步更加惊人"。

"励志"公式之所以受人追捧,原因就是它能够用刻骨铭心的数据来告诉你学习进步、退步与时间之间的关系,用数据说话的效果远胜于纯粹的说教。但仔细想想,人能不停进步下去吗? 如果可以的话,那么 $(1+0.01)^{365 \times 2} > 1427$,$(1+0.01)^{365 \times 3} > 53939$,$(1+0.01)^{365 \times 4} > 2040000$,这哪是什么"励志"公式,这就是"开挂"公式,"指数爆炸"的结果必然是趋向于无穷。

因此,很有必要把上面的公式改进一下,使它能够更加符合事实。正常情况下，一个人在一定时间内进步的幅度应该是一个定值。

假设小明初始的学习水平为 1，年进步幅度为 100%，一年后小明的学习水平应该为 $1+1=2$。

如果小明半年进步一次，也就是每次进步的幅度是 $\frac{1}{2}$，一年后小明的学习水平应该是 $\left(1+\frac{1}{2}\right)\left(1+\frac{1}{2}\right)=\left(1+\frac{1}{2}\right)^2=2.25$。

如果小明加大进步的频率，每个月进步一次，那么每次进步幅度就是 $\frac{1}{12}$，一年后他的学习水平就是 $\left(1+\frac{1}{12}\right)^{12}=2.61304$。

如果每天进步一次，每小时进步一次，每秒进步一次……一年后小明的学习水平是多少呢？

$$\left(1+\frac{1}{365}\right)^{365}\approx2.71457,$$

$$\left(1+\frac{1}{8760}\right)^{8760}\approx2.71813,$$

$$\left(1+\frac{1}{8760\times3600}\right)^{8760\times3600}\approx2.71828,$$

……

当 $n\rightarrow+\infty$ 时，不难得到 $\left(1+\frac{1}{n}\right)^n\rightarrow e$。

站在学生的角度，这样更能说明 e 是"自然"的。

其实，上面这个例子源自对"银行复利"现象的改编。

假设你在银行里存了一笔钱，银行每年以 100% 的利率兑现这笔钱，一年后你的收益如下：

一年结息一次，收益为 $1+100\%=2$ 倍；

六个月结息一次（年利率的一半）：收益为 $\left(1+\frac{1}{2}\right)^2=2.25$ 倍；

每月结息一次 $\left(\text{年利率的}\frac{1}{12}\right)$：收益为 $\left(1+\frac{1}{12}\right)^{12}\approx2.61304$ 倍；

每周结息一次 $\left(\text{年利率的}\frac{1}{52}\right)$：收益 $\left(1+\frac{1}{52}\right)^{52}\approx2.6926$ 倍。

根据这个规律,一年结息 n 次,那么利率就是其倒数,即 $\frac{1}{n}$,一年后的收益公式为 $\left(1+\frac{1}{n}\right)^n$。那么,当 n 趋于无穷大时,$\left(1+\frac{1}{n}\right)^n$ 就等于 $2.71828\cdots$。

改编后的例子更容易激起学生的兴趣,更加有助于"自圆其说"。我把上面的发现设计成了一节课,在一次省级名师教学活动中进行展示,详情可见我的文章《HPM①视角下数学教学的"理性重构"——以"常用对数"与"自然对数"为例》(发表于《中学数学教学参考》)。

很多数学概念的原始生成过程,在历史长河的冲刷中,要么变得模糊不清,要么丧失了原本的面貌,我们能做的就是通过查阅数学史料、观察生活、调查研究等多种方式,对数学概念的来龙去脉进行"溯源",最后通过合情推理来"自圆其说"。

例如,基本不等式为何"基本"?我想可以这样解释:基本不等式可以看成不等式的一个基本性质,它体现了两种基本运算——加法、乘法之间的数量关系,它是刻画现实世界的基本模型,也是求最值的基本工具。

那么,平面向量基本定理中的"基本"如何解释?它阐释了一个基本原理,就是平面内的所有向量都可以用两个不共线的向量来表示;它体现了一种基本数学思想,就是用有限来表示无限的思想,即用两个向量来表示所有的向量;它也是解决共线、共面问题的基本工具。

"渐近"线、"空集"、"单调"性、"诱导"公式……各种名称背后的真相等你去发掘。如果把数学形容成一棵参天大树,那么通过对数学对象的名称进行"溯源",就可以知道这棵树上某些树叶的形状,而通过对数学概念本身进行"溯源",就可以把握某个枝丫甚至枝干的面貌。

比如,在教材中,余弦定理的推导用的是"向量法",凸显的是向量的工具作用。但教材又指出了"余弦定理是勾股定理的推广",既然是推广,那么两者在证明方法上应该存在某种联系,适用于勾股定理的证明方法也应该可以用在余弦定理的推导上。勾股定理作为一个古老的数学定理,其证明方法不下百种,其中欧几里得在《几何原本》第二卷中的推导如下。

如图 1,分别在 Rt△ABC 的三边上作正方形 ACDE,ABFG,BCHI,作 CL

---

① HPM 即 History and Pedagogy of Mathematics 的缩写,意为数学史与数学教育。

$\perp GF$ 于点 L。

连接 BE,CG,则由 AE 和 BC 的平行关系,可得正方形 $ACDE$ 的面积等于 $\triangle AEB$ 的两倍(同底等高);

由 AG 和 CM 的平行关系,可得长方形 $AMLG$ 的面积等于 $\triangle ACG$ 的两倍。

而 $\triangle AEB \cong \triangle ACG$,故知正方形 $ACDE$ 和长方形 $AMLG$ 的面积相等。

同理,可得正方形 $BCHI$ 与长方形 $BMLF$ 的面积相等。

于是就得到勾股定理 $c^2 = a^2 + b^2$。

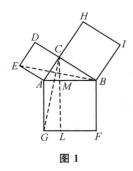

图 1

欧几里得证法的巧妙之处是把代数式 $c^2 = a^2 + b^2$ 转化为正方形的面积。这种方法是否可以推广到对余弦定理的证明? 不妨试一下 。

如图 2,$\triangle ABC$ 为锐角三角形,仿照欧几里得的做法,在其三边外侧分别作正方形 $ACDE, ABFG, BCHI$;分别从三个顶点向对边作垂线,垂足分别为 K,M,N,与正方形另一边的交点分别为 L,P,Q。

于是,$S_{\text{四边形}AMPE} = S_{\text{四边形}AKLG}$,$S_{\text{四边形}BNQI} = S_{\text{四边形}BKLF}$,

因此,$c^2 = S_{\text{四边形}AMPE} + S_{\text{四边形}BNQI} = a^2 + b^2 - (S_{\text{四边形}MCDP} + S_{\text{四边形}NCHQ})$。

而又有 $S_{\text{四边形}MCDP} = b(a\cos C) = ab\cos C$,$S_{\text{四边形}NCHQ} = a(b\cos C) = ab\cos C$,

故 $c^2 = a^2 + b^2 - 2ab\cos C$。

当 $\triangle ABC$ 为钝角三角形时,构造如图 3 所示的图形,参照锐角三角形的情形同理可证。

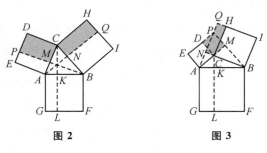

图 2　　　　　　**图 3**

　　勾股定理、余弦定理是一家人,它们都是为解三角形而生的。还有一个正弦定理,它和余弦定理在表示上稍有不同,但两者是可以等价转化的。

　　"溯源"不仅仅局限于数学史,还可以联系生活现实,联系其他学科。"溯源"的视角越多,越能把握数学概念的真相。

　　比如,"集合"是高中的第一个抽象的数学概念,而且是没有给出明确定义的数学概念,很多教师直接照搬教材教学,课堂了无生趣,无形中给刚进入高中的学生留下了"数学很枯燥"的不好印象。如果教师能够联系生活对"集合"进行"溯源",那么呈现出来的将是一番生动的景象。

　　集合是什么? 从字面上看,集合就是聚集、合在一起的意思,事物聚集在一起就构成了集合。比如,所有男人、女人聚在一起,就构成了人类集合;飞禽走兽、花草树木也能构成集合,如动物集合、鸟类集合、植物集合等;还有各种生活用品集合、宇宙中的星球集合等,太多了。这正是"物以类集,人以群合"。

　　对于集合"确定性"的解释如下。漂亮的女明星,恐怕你能说出一大堆名字;但你认为漂亮的,别人可能不这么认为。不要怪别人没有欣赏美的眼光,问题是你的标准太模糊。怎样才算漂亮? 这并不确定。所以"漂亮的女明星"无法构成集合。

　　对于集合"唯一性"的解释如下。老师在点名的时候发现有两个"王小明",后来发现是名单上的姓名印重复了。老师该怎么办? 当然是删除重复的名字,一个班级不可能出现两个一模一样的学生。

　　对于集合"无序性"的解释如下。对某班级学生的学号进行重排后,小明的学号由原来的 5 号变成了 3 号,这个班级所构成的集合有没有发生变化? 当然没有变化,班级里还是原来那些人。

　　数学源自生活,集合的很多性质直接继承了生活的属性,几个通俗易懂的例子就把集合的定义与三要素解释得清清楚楚。

　　很多人不理解"空集",为何规定一个不存在任何元素的集合呢? 一般权威的解释是定义一类数学运算系统,为了便于运算,一般需要规定"零元"与"单位元",正如自然数中的 0 和 1 一样,如果没有 0 和 1,就无法运算,而"空集"相当于"零元","空集"在集合中的地位就相当于自然数中的 0。这种解释当然完全正确,如果能够联系生活,就更容易理解了,那些不良商家和骗子给你画的大饼不就是"空集"吗?

在教学中，"自圆其说"一定要做到有理有据。比如，学生问："无理数为什么叫无理数？"教师说："因为无理数没有规律可循，是没有道理的数。"听起来似乎有道理，实际上却是误人子弟。回答这个问题前，至少需要查阅文献资料，至少需要研究数学知识之间的联系、数学与生活的联系、数学与其他学科的联系。查阅文献很容易知道，无理数之所以"无理"，纯粹是翻译的以讹传讹。根据毕达哥拉斯"万物皆数"的观点，有理数是指"可比"的数，而无理数是指"不可比"的数。日本人将其翻译为无理数，我国则直接采用了日本的译名。"自圆其说"不仅象征着智慧，更代表着求实、理性的探索精神。没有依据的"自圆其说"则会贻笑大方。

相关论文

数学概念教学贵在"自圆其说"①

——由椭圆离心率的定义引发的教学思考

    概念是思维的细胞。李邦河院士曾说:"数学根本上是玩概念,不是玩技巧,技巧不足道也!"我们应该重视数学基本概念的教学,在概念教学上应该做到"不惜时,不惜力",让学生经历数学概念的产生和发展过程,把数学概念抽象的学术形态转化为易于学生接受的教育形态,从而促进学生对数学概念本质的理解。

    笔者最近观摩了关于"椭圆的简单几何性质"的两堂公开课,课上,关于"离心率"定义合理性的问题,两位教师给出了截然不同的解释。

一、教学片段简录——为了能够"自圆其说"

师:椭圆的圆扁程度是由什么决定的?

生:应该由 a,b 决定。

师:假定 a 不变,当 b 变化时,椭圆的圆扁程度怎么变? 假定 b 不变,当 a 变化时,椭圆的圆扁程度怎么变?

生:当 a 不变,b 增大时,椭圆越来越圆,b 减小时,椭圆越来越扁;当 b 不变,a 增大时,椭圆越来越扁,a 减小时,椭圆越来越圆。

师:你能不能找到一个量来表示椭圆的圆扁程度?

---

① 本文发表于《中学数学教学参考》2011 年第 3 期。

生：经过以上分析，$\dfrac{b}{a}$ 可以表示椭圆的圆扁程度。$\dfrac{b}{a}$ 越大，椭圆越圆；$\dfrac{b}{a}$ 越小，椭圆越扁。

师：非常好，$\dfrac{b}{a}$ 的确可以表示椭圆的圆扁程度，你还能找到其他的量吗？

生：……（不知所措）

师：参数 b 能不能用 a，c 来表示？

生：$b^2 = a^2 - c^2$。

师：$\dfrac{b}{a} = \dfrac{\sqrt{a^2-c^2}}{a} = \sqrt{1-\dfrac{c^2}{a^2}}$，我们往往用 $\dfrac{c}{a}$ 表示椭圆的圆扁程度，把 $e = \dfrac{c}{a}$ 称为椭圆的离心率，$\dfrac{c}{a}$ 的数值越大，椭圆越扁，$\dfrac{c}{a}$ 的数值越小，椭圆越圆。

生：为什么不用 $\dfrac{b}{a}$ 来表示椭圆的离心率呢？

这个问题确实很难回答，下面看看两位教师是如何应对的。

教师甲的理由如下。

这是人为的规定，如果你生在那个时代，你也可以规定用 $\dfrac{b}{a}$ 表示椭圆的离心率。

教师乙的理由如下。

$\dfrac{b}{a}$ 确实能够表示椭圆的圆扁程度，但相对于 $\dfrac{b}{a}$ 来说，$\dfrac{c}{a}$ 更具有优势。首先，我们知道椭圆是平面内到两定点的距离之和为常数的点的轨迹（其中两定点间的距离为 $2c$，常数为 $2a$，且 $2a > 2c$），定义中涉及的参数是 a 和 c，为了保持一致性，所以用 $\dfrac{c}{a}$ 来表示椭圆的离心率。其次，圆锥曲线的统一定义为"到定点距离与到定直线距离之比为常数的点的轨迹"，而这个常数的值恰好是 $\dfrac{c}{a}$，所以用 $\dfrac{c}{a}$ 表示离心率更具有统一性。最后，从数学发展史的角度看，离心率最早是为了描述太阳系中行星运行轨道的形状而引入的，又称为偏心率，即指某一椭圆轨道与理想圆的偏离。在太阳系中，行星绕着以太阳为焦点的椭圆形轨道运行，通俗地讲，偏心率就是行星偏离太阳的程度，而行星和太阳之间的距离是变化的，在近日点处行星离太阳最近，偏离距离为 $a-c$，在远日点处行星离太阳最远，偏离距

离为 $a+c$，因此不能直接用最近距离和最远距离表示偏心率，这两个值不仅和运行轨道的圆扁程度有关，还受轨道大小的影响。于是人们想到了用比值表示偏心率，最后发现 $\dfrac{a+c-(a-c)}{a+c+a-c}=\dfrac{2c}{2a}=\dfrac{c}{a}$ 的值和椭圆大小无关，却能很好地刻画椭圆的圆扁程度，所以用 $\dfrac{c}{a}$ 表示离心率更符合客观实际。

显然，教师甲的解释过于草率、肤浅，把离心率的定义简单归结为人为的规定，无法从根本上打消学生的疑虑：用 $\dfrac{b}{a}$ 挺好的，为什么非要用 $\dfrac{c}{a}$ 呢？难道数学概念可以由数学家随意编造吗？与之形成鲜明对比的是教师乙对离心率的解释，他的解释颇费了一番功夫，不仅肯定了 $\dfrac{b}{a}$ 的合理性，更重要的是通过挖掘教材背景、联系客观实际，揭示了离心率的起源，多角度诠释了利用 $\dfrac{c}{a}$ 定义离心率的优越性，使学生心服口服。教师乙对离心率概念的处理充分体现了"不是教教材，而是用教材"的新课程理念。

课后，大家都认为教师乙对离心率概念的处理是本堂课的一大亮点，尤其是对离心率起源的剖析，令人大开眼界，同时，各位听课教师被教师乙深厚的专业知识功底折服。但教师乙在进行教学设计介绍时却是这样说的："我知道离心率也叫偏心率，是为研究行星运动轨道的形状而引入的，但偏心率为什么这样定义，我也没查到现成的资料，只能自己推测其中的前因后果，为了能够自圆其说……"笔者感到很意外，原来离心率起源的部分过程竟然是教师乙"推测"出来的，为的是能自圆其说，这是不是与数学的真实性和严密性相违背？

二、"自圆其说"是一种精神

张奠宙先生说过，数学有三种不同的形态：第一种是数学家创建数学结构过程中的原始形态；第二种是整理研究成果之后发表在数学杂志上、陈述于教科书上的学术形态；第三种是便于学生理解学习、在课堂上出现的教育形态。教师天天面对的教科书上的数学概念，就是第二种形态，它们是经过严格整理的，简洁、美观的"知识成品"，但对于学生来说，它们如"天外来客"般不可思议。

通过对数学第一种形态的探索,把数学的第二种形态转化为易于学生接受的第三种形态,是开展数学概念教学的有效途径。但许多数学概念的原始生成过程随着时间的流逝已经模糊不清,或随着数学的发展逐渐丧失了它原本的面貌。这就需要数学教师具备"考古"精神,深刻挖掘教材的背景知识,探索数学概念和生活现实的联系,通过合理的想象和合情的推理,尽可能还原数学概念的本来面貌。只有在概念教学中做到"自圆其说",才能让学生感受到数学概念是水到渠成、浑然天成的产物,不仅合情合理,甚至很有人情味,从而让学生更容易理解数学、喜欢数学。因此,"自圆其说"不但是一种教学手段,更是一种为追求真理而不懈努力的探索精神。

综合考量两位教师对于离心率概念的教学效果,更显出"自圆其说"的必要性。这里要"圆"的是数学概念的产生背景,是知识间的内在联系,是促进学生理解数学概念的教学手段。

三、如何"自圆其说"

"自圆其说"不是"胡编乱造",不是为了制造所谓的"历史背景"而刻意歪曲事实。"自圆其说"的目的是通过揭示数学概念的产生背景,加强学生对数学概念的理解。"自圆其说"通常需要收集相关的信息,探索数学各部分知识之间、数学与其他学科之间、数学与现实之间的联系,在尊重客观事实的基础上进行大胆的合情推理。

1. 探索数学知识之间的联系

很多数学新知识都是在已有知识的基础上形成和发展起来的。前面的知识是后面知识的基础,后面的知识是前面知识的发展。数学知识间是相互联系的,从而形成数学知识的整体性和连续性。以本堂课为例,教师乙通过探索之前学习的椭圆的定义、后继要学的圆锥曲线的统一定义和离心率的联系,从而达到"自圆其说"的目的。

2. 探索数学与其他学科的联系

知识是互相联系、互相渗透的。理解任何一门学科都不能单靠对这一门学

科的研究,特别是对数学这样深入到自然科学和社会科学各个领域的、影响深远
的学科。学生需要在比较扎实的知识基础上获得对数学学科的整体认识以及对
学科价值的真正理解。以本堂课为例,教师乙通过探索离心率的物理背景,获得
偏心率的概念;通过对偏心率起源的思考和还原,实现了"自圆其说"。

3.探索数学与现实的联系

数学以抽象的形式反映客观世界,但这种抽象根植于客观的现实世界,有着
深刻的现实背景,绝对不是数学家刻意创造的空中楼阁。数学概念也并不是人
为的简单约定,而是与客观世界有着千丝万缕的联系,概念的产生过程一定是自
然的、合乎情理的。比如,"自然对数"这一概念,为什么要在对数前加上"自然"
二字?这在教学过程中很少引起教师的重视,也很少有教师能给出合理的解释。
但稍微分析一下就可以"自圆其说":这是因为很多反映自然规律的数学模型都
包含自然常数 e,如放射性元素的衰变公式、牛顿的冷却定律等,即自然对数是
"自然"的选择。

HPM 视角下数学教学的"理性重构"①

——以"常用对数"与"自然对数"为例

笔者在"浙派名师进象山"课堂教学展示活动中开设了一堂公开课,上课主题是人教 A 版新教材必修第一册的"对数运算"复习课。众所周知,对数的发明具有丰富的历史文化背景,但教材却把对数定位于"刻画现实世界的重要数学模型",以"对数是指数的逆运算"来定义"对数",从而导致学生对于对数产生与发展过程的认知几乎空白,这不得不说是件憾事。鉴于上述思考,笔者决定在本次复习课中尝试借助 HPM 教学理念,弥补这一遗憾,打造一堂与众不同的复习课。

一、问卷调查,确定选题方向

复习课不仅仅是对知识的回顾与整理,它还承载着思想方法的沟通与生长。复习课不应该面面俱到,而是要做到有所侧重,集中力量解决某一块知识或某一类问题。因此,复习课的选题就显得尤为重要。对于"对数运算"这一内容而言,其实主题已经很明确,就是"运算",而运算必然要涉及运算法则、化简技巧,这需要通过例题来强化学生的运算技能,但单凭几个运算公式显然无法承载 HPM 教学理念,这就需要找到适合开展 HPM 教学的知识载体。

笔者就"你认为'对数'一课中,最令人困惑的或者难以理解的是什么"对学生进行了问卷调查,结果有 88.73% 的学生对"常用对数"与"自然对数"的名称感到困惑:"为何将以 10 为底的对数称为常用对数?为何将以 e 为底的对数称为自然对数?"或许有不少教师认为这根本不算什么问题,数学概念的命名带有

---

① 本文发表于《中学数学教学参考》2018 年第 8 期。

浓郁的主观色彩，根本没有必要深究其背后的原因。实际上，这种认识是不全面的。我们知道，人的姓名不仅仅是一种称呼，同时还承载着众多的社会文化功能，比如代表个体或群体、表明等级身份、弥补人生缺憾、体现社会评价等。数学概念的命名也是如此，它并不是简单的主观随意行为，在数学概念、名称与定义的表述中往往会有一些体现其本质属性的关键字词隐藏其中。

在此之前，笔者也从来没有刻意研究过"常用对数"与"自然对数"这两个名称的由来，但鉴于对数深厚的历史背景，我们可以相信这两个特殊对数的命名背后必然蕴藏着不一般的数学道理。

二、追根溯源，厘清来龙去脉

弗赖登塔尔曾说过："历史意味着寻根。"HPM 就是通过追寻历史上数学知识的发生过程、数学思想方法产生和发展的过程，呈现数学家的困惑、解决问题的种种尝试以及付出的艰辛和火热的思考，从而实现对知识的追根溯源。

对数产生的根源是为了满足"简化运算"的现实需求。17 世纪，随着航海技术和天文学的发展，人们需要面对越来越繁难的计算，耗费的时间也越来越长，于是各种简化运算的方法应运而生，对数就是其中的佼佼者，其原理是把乘方、开方这些第三级运算转化成乘、除这些第二级运算，而第二级运算又可转化成加、减这些第一级运算，于是大大减少了计算量。因此，恩格斯称对数的发明是 17 世纪"最重要的数学方法"之一，法国著名天文学家拉普拉斯也称赞"对数的发明使天文学家延寿一倍"。当然，对数的产生过程非常曲折，经过了斯蒂菲尔德、纳皮尔、布里格斯、费拉格、欧拉等数学家的不懈努力，对数才得以由最初的"计算工具"上升为"刻画现实世界的重要模型"。那么，常用对数与自然对数的根源又在哪里呢？

1. 常用对数的由来

"常用"从字面上理解，即经常用到。为什么会经常用到呢？以 10 为底的对数肯定在运算上有其独特的性质，而这些性质恰恰能大大加快运算的进程。这点在具体的运算中可以得到验证。比如，计算式子：$\lg 10 = 1, \lg 100 = 2, \lg 1000 = 3, \lg 0.1 = -1, \lg 0.01 = -2, \lg 0.001 = -3$。

不难发现，10 的正整数幂的常用对数值等于真数里 0 的个数；10 的负整数幂的常用对数值是一个负数,它的绝对值等于真数的小数点后面的位数。

对于非 10 的整数幂的常用对数,虽然不能求出它的精确值,但很容易估计这个值所在的区间,比如:lg314∈(2,3),lg314159∈(5,6),其运算规则是 $\lg N∈$(N 的位数-1,N 的位数)。

上述两个运算性质是以 10 为底的对数所特有的,从某种程度上讲,正是这两个性质提升了运算效率。当然,常用对数之所以"常用",还是要归功于"十进制"这个运算大背景,如果采用二进制的话,那么以 2 为底的对数就会成为常用对数。但反过来说,如果没有上述运算例题的佐证,单凭一句"十进制"就决定常用对数的"常用",显然无法令学生信服。

2.自然对数的由来

"无理数 e=2.71828…",这就是教材对"e"的解释,令人感到"e"是从天而降的,因此,对自然对数追根溯源的关键是要搞清楚"e"的来历。

众所周知,对数简化运算的功能是通过对数表来实现的,因此,在 17 世纪,编制足够精确的对数表成了很多数学家的首要任务。那时有以 10 为底的常用对数表,也有以 2 为底的对数表,当然还有以其他数为底的对数表。编制对数表的过程是非常烦琐的,对纯手工运算来说简直是"噩梦"。比如,求真数为 5 的 14 位常用对数,就需要做开方、求算术平均数各 22 次,如表 1。

表 1　求真数为 5 的 14 位常用对数运算过程

做开方和求算术平均数的次数	真数	常用对数
—	$A=1$ $B=10$	$A'=0.000\,000\,000\,000\,00$ $B'=1.000\,000\,000\,000\,00$
1	$C=\sqrt{AB}=3.162\,277$	$C'=\dfrac{A'+B'}{2}=0.500\,000\,000\,000\,00$
2	$D=\sqrt{BC}=5.623\,413$	$D'=\dfrac{B'+C'}{2}=0.750\,000\,000\,000\,00$
3	$E=\sqrt{CD}=4.216\,904$	$E'=\dfrac{C'+D'}{2}=0.625\,000\,000\,000\,00$
…	…	…
22	$X=\sqrt{VW}=5.000\,000$	$X'=\dfrac{V'+W'}{2}=0.698\,970\,000\,000\,00$

于是数学家们不禁思考,能否找到一个合适的底数以便减少编制对数表的运算量。经过一番探索,他们发现以 $a = b^{10000}$ 为底制作对数表不仅能够减少运算量,而且当 b 越接近 1 时,相应的真数间隔也越小,制成的对数表也越精确。于是数学家们分别以 1.1^{10000},1.01^{10000},1.001^{10000},1.0001^{10000} 为底制作对数表进行比较,发现 1.0001^{10000} 表现最佳。经过进一步研究,最后得出结论:以 $a = \left(1 + \dfrac{1}{n}\right)^n$ 为底的对数在制表中无论是运算量还是精确度都是最好的,n 越大,精确度越高。当 $n \to +\infty$ 时,$a = \left(1 + \dfrac{1}{n}\right)^n \to e$,这便是"e"的由来。

三、加工素材,重构教学过程

通过研究数学史,我们获得了一些重要的历史素材,似乎可以对"常用"与"自然"进行合理的解释,但这些原始素材无法直接用到教学中,还需要结合具体的学情与课型,对历史素材进行加工改造。

1. 常用对数素材的加工

对于常用对数,可以让学生在运算中体会以 10 为底的对数的先进性,从而为"常用"提供佐证。考虑到本节课是复习课,对于学生运算能力的培养应该在原有的基础上有新的突破,于是笔者结合常用对数的性质,对历史素材进行加工,设计了一个具有挑战性的问题:一个 35 位正整数的 31 次方根的整数部分是多少?

此题看似复杂,但实际上用常规的思路很容易解答。设这个 35 位正整数为 A,其 31 次方根为 x,则 $\sqrt[31]{A} = x \Rightarrow \lg \sqrt[31]{A} = \lg x \Rightarrow \lg x = \dfrac{\lg A}{31}$,因为 $\lg A \in (34, 35)$,所以 $\lg x \in \left(\dfrac{34}{31}, \dfrac{35}{31}\right) \Rightarrow \lg x \in (1.097, 1.129)$。查常用对数表发现只有 $\lg 13 \in (1.097, 1.129)$,所以 x 的整数部分为 13。

此题还可以变式为:计算 13^{31} 的位数。

把"$\lg x = \dfrac{\lg A}{31}$"一般化,可以得到等式"$\lg x = \dfrac{\lg A}{n}$",利用"知二求一"的思想,可以设计更多所谓的"难题"。

2. 自然对数素材的加工

对自然对数的底数 e 的阐述显然不能按照"编制对数表的需要"进行展开，原因有两点：一是制表原理不在教学目标之内，容易冲淡复习主题；二是在计算技术高度发达的今天，再大谈特谈对数表容易脱离实际。

自然对数中的"自然"有多重含义，其中之一指的是"自然界"，即自然对数在自然界中是普遍存在的，也就是说 e 在自然界中是普遍存在的。那么我们能否从日常生活现象中发现 e 的存在呢？

我们知道，$\left(1+\dfrac{1}{n}\right)^n \to e$ 的现实背景是银行中的"复利"，公式 $\lim\limits_{n \to +\infty}\left(1+\dfrac{1}{n}\right)^n = e$ 又称为"复利模型"，但因为高一学生还没有接触过数列，对于"复利"的理解存在着比较大的认知障碍，因此，需要对"复利"的实际背景稍加改造。笔者做了如下尝试。

假设小明初始的学习水平为 1，年进步幅度为 100%。

（1）一年后小明的学习水平是多少？

（2）若小明半年进步一次，计算一年后他的学习水平。

（3）若小明一季度进步一次，计算一年后他的学习水平。

（4）若小明每个月进步一次，每天进步一次，每小时进步一次，每秒进步一次……分别计算一年后他的学习水平。

（5）通过上述计算，你有什么发现？

把学生陌生的"复利"问题改编成与学习息息相关的"进步"问题，不仅提升了趣味性，而且降低了思维难度。

为了进一步说明 e 的自然属性，笔者还找到了大量与 e 有关的数学模型，如图 1。

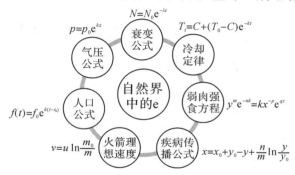

图 1　与 e 有关的数学模型

3.重构教学过程

通过素材加工,复习课的主体内容已经明确,接下来要做的是构建合理的教学过程,设计必要的过渡与衔接,表 2 是笔者的教学过程。

表 2 "对数运算"复习课教学过程

教学环节	主要内容
复习引入	(1)回顾对数的定义。 (2)简单阐述对数发明的背景——简化运算。 (3)提出问题:常用对数为何"常用"？自然对数因何"自然"？
探究常用对数	(1)计算常用对数的值,提炼运算规则。 (2)计算一个 35 位正整数的 31 次方根的整数部分是多少。 ①揭示计算原理； ②进行变式研究。 (3)总结常用对数"常用"的理由。
探究自然对数	(1)"励志"数学公式:$(1+0.01)^{365} \approx 37.78$,$(1-0.01)^{365} \approx 0.0255$。 ①阐释公式的现实内涵； ②计算 $(1+0.01)^{365 \times 2}$,$(1+0.01)^{365 \times 3}$,体会指数爆炸； ③从数学的角度思考公式的科学性:能一直"进步"下去吗？真实的"进步"情况是怎样的？ 意图:通过"励志"数学公式激发学生的理性思考,为"复利"公式的引入做好必要的铺垫。 (2)"学习进步"的现实思考。 ①假设小明初始的学习水平为 1,年进步幅度为 100%,那么一年后小明的学习水平是多少？(再把一年细分为 2 个半年、4 个季度、12 个月、365 天……) ②总结规律,引出"e"。 (3)利用 $\left(1+\dfrac{1}{n}\right)^n \to e$ 解决问题:比较 2018^{2017} 与 2017^{2018} 的大小。 (4)展示生活中与 e 有关的数学模型。 (5)总结自然对数"自然"的理由。
课堂小结	对联:提升运算效率舍常用对数其谁,揭示世界规律非自然对数莫属。 横批:爱你没商量。

至此,一堂既洋溢着浓郁的历史韵味,又具有较高思维含量的对数复习课正式打造完成。

正如弗赖登塔尔所倡导的:"我们不应该完全遵循发明者的历史足迹,而应遵循经过改良、同时有更好引导性的历史过程。"HPM 视野下的数学教学不仅要对历史进行简单还原,而且要在历史脉络中比较数学家所提供的不同方法,寻找数学教育的规律和经验;从历史的角度深入挖掘数学活动的文化意义,充分发挥历史材料的文化价值;在尊重历史真相的基础上实现教学过程的理性重构,把数学知识的历史形态加工整理成便于学生理解的教育形态,最终促进学生对数学知识的深度理解。

"时机"未到，讲了白讲

老师们经常抱怨一些看似不应该发生、常人无法理解的教学现象,比如:

"这道题我讲了三种方法,学生怎么一种也掌握不了呢?"

"学了这么久的弧度制,学生怎么还是喜欢用角度制?"

"今天上课学生一点反应都没有,个个无精打采。"

……

对此,我一直想问:"有没有考虑到教学时机的因素? 你们的教学时机对吗?"

曾经的一次教学经历,让我认识到了把握教学时机的重要性。那天的教学内容是立体几何中的"求异面直线所成角"。本着"让学生多掌握一种方法,考试就多一种选择"的想法,我果断地采用"一题多解"的方式,把常见的三种方法都和学生探讨了一遍。令人不安的是,学生个个像闷葫芦,没人回答问题,没人发表意见,就我一人唱独角戏。老师上课最怕什么? 就是不论问什么,学生都没反应。就算是一潭死水,扔颗石子下去,也会激起水花;可现在,你突然发觉无论扔多大石头下去,在学生心中连个泡都不冒。你开始感到心虚,开始胡思乱想——是难度太大了? 是自己没讲清楚? 是学生的精神状态不好? 这样的课堂对老师来说就成了一种煎熬。

当时,我搞不清楚为什么会这样,直到批改学生交上来的作业时,我才发现,尽管我课堂上苦口婆心地讲了三种方法,但全班所有学生都只用了一种方法——"坐标法",想法出奇地统一。于是,我找来一个学生问了一下。

"我讲了三种方法,你们都听懂了吗?"

"其实,我基本上没在听。"

"为什么不听? 是太难了吗?"

"当然不是,那道题目用坐标法更加简单,何必还要学复杂的方法?"

"多学一种方法不好吗? 考试时,有更多的方法可以用。"

"我发现坐标法可以求所有的空间角,而且还不需要费脑子。"

原来如此! 是学生认准了"坐标法",他认为这种方法是万能的。

可能有老师认为是学生底子薄,不好学,不够进取。如果换成基础好的学生,会不会不一样呢？生源的因素的确存在,但有一点是可以肯定的:当学生已经掌握的方法比老师讲的还要简单时,上课的效果肯定会不如预期。举一个简单的例子,假设你一直在用苹果手机,现在突然让你换成安卓系统的手机,尽管我把安卓系统夸得天花乱坠,你愿意吗？大概率上,你是不情愿的。因为,一来你习惯了苹果的操作系统,二来安卓系统并没有显著地优于苹果操作系统。除非很多功能只有安卓系统有,你才有可能主动换一款手机。学生的学习也是如此,当他习惯一种方法后,就会产生强烈的思维定式,尤其当新的方法不如先前的方法简单时,还会产生抗拒心理。在这种状态下,老师讲得再多,效果也不会太好。

简而言之,是我那天上课的"时机"不对。上课还要讲究时机吗？当然要。孔子曰:"不愤不启,不悱不发。""愤""悱"指的就是"心求通"的时候,通俗点讲,就是如果学生不想学,老师就不要教。老师都希望学生多学点,抓住一切机会给学生讲题目,讲方法,现在看来,这都是某种程度上的"一厢情愿"。

通过这件事,我想通了一个道理,那就是"一题多解"要"见机行事"。于是我写了一篇同名文章,在这篇文章中,我第一次用古诗词表达自己的心情,比如"落花有意,流水无情""即鹿无虞,惟入于林中""器藏于身,待机而动",这些古诗词给整篇文章增色不少。可见,在写教学案例时,可以考虑用一些诗词来表达自己的观点,以引起读者的兴趣。

从一定意义上说,教学就是把握教学时机的艺术。孔子就非常善于利用时机。《史记·仲尼弟子传》记载了"司马牛多言而躁"的故事。司马牛同学废话多,人浮躁,孔子总想对其加以劝导,只是没有合适的机会。直到有一次,司马牛问仁为何物。

子曰:"仁者,其言也囗。"

司马牛曰:"其言也囗,斯谓之仁已乎？"

子曰:"为之难,言之得无囗乎？"

意思是,孔子说:"仁人,他的言语是谨慎的。"司马牛说:"言语谨慎,这就可以称作仁了吗？"孔子说:"做起来难,说话能不谨慎吗？"

孔子聪明的地方在于,没有直接冲过去指出司马牛的缺点:"你这家伙,废话太多,人又浮躁,要好好改正!"而是在等待机会,当司马牛来问他问题时,旁敲侧击地去点醒他要"少说话多行动"。当然,一次不痛不痒的点拨是不够的,当司马牛问什么是君子时,孔子又旁敲侧击地点拨他。

子曰："君子不忧不惧。"

司马牛曰："不忧不惧，斯谓之君子已乎?"

子曰："内省不疚，夫何忧何惧?"

意思是，孔子说："君子不忧虑，不恐惧。"司马牛说："不忧虑，不恐惧，这就叫君子了吗?"孔子说："内心反省而不内疚，那还有什么可忧虑和恐惧的呢?"

《论语·述而》中有言："不愤不启，不悱不发。举一隅不以三隅反，则不复也。"这是对教学时机的经典阐释。

有老师可能会问，"时机"不到怎么办? 等到"时机"成熟岂不花儿也谢了? 当然不能坐等时机出现，而是要创造之。从教与学的关系角度分析，老师在课堂上其实不是在教知识，而是创造时机让学生学知识。为何教学的第一步都要创设情境? 情境的重要价值就在于唤起学习的动机，学习动机的产生，意味着教学时机的到来，学习动机越强烈，教学时机也就越成熟。那么，能否通过创设情境让学习动机来得更加强烈呢?

如果我在课堂上能把问题设计得稍微巧妙一点，无法直接建系，让学生心仪的"坐标法"失效，就能让他们知道"坐标法"不是万能的，从而迫使学生去寻找新的方法，那么"一题多解"就能够顺利进行。这种做法就是在问题情境中故意制造认知冲突，让学生知不足而学新知。

比如，对于学生不愿意接受弧度制的问题，可以制造认知冲突来解决。在弧度制教学时，可以问学生："$\sin(\sin 30°)$等于几?"这个问题看似简单，但学生无法用角度制进行解释。$\sin 30° = \dfrac{1}{2}$，$\sin(\sin 30°) = \sin \dfrac{1}{2}$，那么问题来了，"$\dfrac{1}{2}$"到底指的是角度还是一般的实数? 如果是角度，那么"$\dfrac{1}{2}$"是几度? 如果"$\dfrac{1}{2}$"就是一个数字，那么根据学生对于三角函数的理解，正弦"$\sin$"后面跟的应该是角度。当学生陷入两难境地时，"弧度制"的教学时机就来了。

制造认知冲突的关键是准确找到"冲突点"，即找到与学生已有知识、常识、惯性思维不一致或相矛盾的现象、观点、结论、性质等。有一年夏天，我去新疆，飞机到达机场时已是晚上九点，可外面依旧阳光灿烂，与宁波的下午两三点没什么区别。在我的印象中，晚上六七点天就黑了，而新疆晚上九点还是白昼，接近午夜十二点夜生活才开始，这"不科学"啊，完全颠覆了我对"夜晚"的认知。"认知冲突"所产生的心理效应就是让我断定,新疆这个地方一定与众不同,一定值得去探索。我刚安顿好,就迫不及待地体验当地生活去了。我去过很多地方,但"想出去看看"的想法从来没有像此刻这样强烈。旅游如此,学习也是如此,"冲突点"犹如一股强大的电流,在学生的大脑皮层上四处蔓延,使大量的神经元被激活,让原先无精打采的学生"满血复活"。

除了制造认知冲突外,诱发认知趋同也可以产生激发学习动机的效果。制造认知冲突是为了打破思维定式,让学生接受新知识、新挑战,而诱发认知趋同却是为了巩固思维定式,让学生已有的知识技能得以发扬光大。数学学习的本质就是在思维定式的破与立中实现一种动态平衡。

比如,在弧度制教学中,老师先给出角度制下的弧长公式 $l = \frac{n°\pi r}{180°}$(n 为角度数值),再从量纲的视角设计问题,引发学生的认知趋同。

"弧长的单位是什么?"(长度单位,米、厘米等)

"半径的单位是什么?"(长度单位,米、厘米等)

"n 的单位是什么?"(角度制,例如 60°)

"弧长公式两边的单位必须一致,你认为 $\frac{n°\pi}{180°}$ 起到什么作用?"$\left(\right.$把分子、分母中的角度制单位抵消,得到一个"实数",例如 $\frac{60°\pi}{180°} = \frac{\pi}{3}\left.\right)$

"我们把角度代入弧长公式,在运算时先把角度变为一个实数,再得到实数与半径的积,就是弧长,既然如此,我们能否直接用一个实数来表示角度呢?"

上面的问题都立足于学生已有的经验,学生只要顺着自己的思路回答就可以体会到引入"弧度制"的必要性。

如果说制造认知冲突如同在沸水中涮毛肚,几秒钟就能享受到舌尖上的美味,那么诱发认知趋同就如同用文火煮羊汤,数小时细炖慢熬才能让羊骨的精华得到充分释放。也就是说,认知冲突能够快速激发学习动机,而认知趋同可能需要花更多的时间来巩固。

比如,"分离参数法"是数学中常用的一种思想方法,其优势是可以避免分类讨论带来的麻烦。我多次讲过这种方法,学生也对这种方法抱有好感。很明显,学生和我对分离参数法的认知是趋同的,但在解题时,学生却不会想到去用这种方法,还是习惯使用分类讨论法,结果由于分类讨论能力不足,题目依旧解不出。

为此,我专门设计了一堂课,不是讲分离参数法如何操作,因为对学生而言不存在技术上的问题;而是专门从情感层面入手,让学生彻底爱上分离参数法。

我先给出一道高考压轴题,呈现标准答案,用的就是分类讨论法,过程非常复杂难懂。

"你们能看懂答案吗?这种方法好不好?"(达成分类讨论不一定是好方法的共识)

"怎么改进?能不能用分离参数法?"(让学生对分离参数法"心动")

用分离参数法后,发现解题过程非常简洁,压轴题也没那么难了。

"分离参数法与分类讨论法哪种方法好?你喜欢哪种方法?"(让学生对分离参数法"生情")

继续尝试用分离参数法解题,体会其特有的便捷性,学生慢慢地就"钟爱"分离参数法了。

经历了"心动、生情、钟爱"的心路历程,学生对分离参数法的认知趋同逐步得到强化,自此以后,该方法就成了学生心中的解题利器。

当然,没有一种数学方法是万能的,分离参数法不能完全替代分类讨论法。我的想法是,当学生熟练掌握分离参数法后,再制造认知冲突,让学生认识到光有分离参数法还是不够的,那么分类讨论法的教学时机也就到了。能不能先学分类讨论法再学分离参数法呢?这也未尝不可,主要是我任教的学校学生基础一般,分离参数法相对容易掌握。如果学生足够优秀的话,先把分类讨论法学好也是可以的。

有时候,先教学什么,后教学什么,可以根据具体的情况,按照老师认为的最优顺序进行组织;但有时候,知识教学的先后次序是不能随意调换的,尤其是前面所学的知识是后续学习的基础的时候。这也就意味着,教学时机的选择一定要遵循知识教学的客观顺序,随意提前或延后,可能会产生一系列不良的后果。

那是一次高一期末联考网上阅卷,我负责批改两道立体几何解答题。我惊讶地发现,很多试卷中都出现了用"坐标法"判断空间位置关系与求解空间角。要知道,"坐标法"高二才学,高一学生应该掌握的是传统的"几何法",我们学校的学生还没学过"坐标法",那么,很可能是另外两所学校把"坐标法"提前教了。提前教到底好不好?从试卷的批改情况看,用"坐标法"做的基本做对了,而用"几何法"的错误情况就比较多了。

数学老师都清楚这两种方法的特点。用"几何法"要有比较强的空间想象能力，还要会添加辅助线，按照学生的说法就是"比较伤脑"；用"坐标法"，建好坐标系，写出坐标，剩下的就是运算，只要不算错，就能得到正确答案。无论多复杂的图形，在"坐标法"手里，都归结为一个字——"算"，从而导致学生一旦学了"坐标法"，就懒得再理"几何法"了。

这与我学开车的经历差不多。我学车时开的是手动挡的车，每次换挡要左脚踩离合器，右脚踩油门，还要留意路况，稍有不慎，车子就熄火；当驾照考出，买了自动挡的车后，只要设置好挡位，控制好油门，车子就跑起来了，方便得不得了。开了不到一个星期，我辛苦学了一年的手动挡开车技术就几乎被忘得一干二净。

既然"坐标法"这么好，为什么教材不一开始就让学生学，或者直接跳过"几何法"，先学"坐标法"？数学老师都清楚其中的原因：使用"坐标法"的前提是建好空间直角坐标系，而建系就需要找"三条互相垂直的直线"。问题来了，学生怎么知道直线是否垂直？这就需要用垂直定理与性质去判定，就必须用到"几何法"。皮之不存，毛将焉附？学好"几何法"可以让"坐标法"乃至"向量法"如鱼得水，反之，一旦出现不容易建立坐标系的情况，只会用"坐标法"将是死路一条。纵观近几年浙江省高考的立体几何解答题，都非常不容易建系。

道理都懂，但有些老师就是禁不住短期利益的诱惑。在那次联考中，虽然"坐标法"提前教学让那两所学校的学生拿到了高分，但失去的恐怕要比得到的更多。就在考试后不久，我到其中一所学校上了一堂课，讲解一道与联考难度差不多的立体几何求线面角的题，建系之前需要证明线面垂直。由于不能直接用"坐标法"，全班学生竟然没人会解。学生连最基本的空间观察能力、解三角形的经验都没有，我费了九牛二虎之力，总算勉强让学生听懂了。只是听懂而已，当然不能指望学生下次碰到类似的题能做对，这就是"坐标法"提前教学的后遗症。这种后遗症很难治疗，学生已经习惯用相对简单的"坐标法"，现在让他放弃捷径转而学习复杂的"几何法"，学生是否愿意？这就如同把你开得得心应手的自动挡的车换回手动挡的车一样，你当然不愿意。

研究表明，人类学习语言有几个关键期，比如，1岁左右，是渴望理解语言期；2～3岁，是口头语言关键期；4～5岁，是书面语言关键期；3～6岁，是丰富词语高效期；7～9岁，是第二语言关键期。一旦错过这些时机，再学习语言就会变得非常困难。同样，在尊重客观认知规律的基础上，我们可以通过制造认知冲突和诱发认知趋同两种方式来创造教学时机，前提是在合适的时候学相应的知识，没必要强行改变，提前或延后都不可取。

很多父母都希望自己的孩子赢在起跑线，从幼儿园开始就让孩子学习文化知识，学习算术。从一开始的表现看，学过的孩子肯定要比没学过的孩子强，至少上了小学，那些孩子的考试成绩会非常亮眼。但无数事实证明，这种领先情况很难持续下去。孩子不光牺牲了快乐的童年，更为严重的是，过度的超前学习行为让很多孩子产生了厌学情绪。其实，随着年龄的增长、智力的发展、视野的拓展，很多东西即使不教孩子，到了时间孩子自然也能领会。冷静地想一想，在幼儿园阶段教孩子算术要费九牛二虎之力，但如果到了小学阶段，你再教孩子同样的算术，还这样费力吗？遵循大脑发育的阶段性规律，在合适的时机教授合适的知识，才能事半功倍。

《礼记·学记》中有言："大学之法，禁于未发之谓豫；当其可之谓时；不陵节而施之谓孙；相观而善之谓摩。此四者，教之所由兴也。发然后禁，则扞格而不胜；时过然后学，则勤苦而难成；杂施而不孙，则坏乱而不修。"大概意思是：在发生错误之前就加以制止，叫作预防；在适当的时候加以教育，叫作及时；不超越受教育者的才能和年龄特征而进行教育，叫作合乎顺序；互相取长补短，叫作观摩。以上四点，是教学成功的经验。出现了错误再去加以制止，这样就会很难攻破；失去了学习的机会，之后再去找补救的方法，即使再怎么努力，也很难成功；施教者杂乱无章而不按规律办事，打乱了条理，就不可收拾。这个道理古人已经参透了，作为拥有先进思想的现代人，更应该明白并遵守。

相关论文

"一题多解"要"见机行事"①

"一题多解"在高中数学教学中具有重要的作用。它有利于加深学生对数学知识的理解,渗透数学思想;有利于提高学生的思维能力,培养创新意识;有利于调动学生的学习兴趣,培养主动探究意识。但"一题多解"不是"灵丹妙药",并不是任何时候都能取得令人满意的效果。笔者就在一次高三复习课中遭遇了"一题多解"的尴尬。

一、落花有意,流水无情——"一题多解"遭受"冷遇"

例 如图1,四边形 $ABCD$ 是边长为1的正方形,$MD \perp$ 平面 $ABCD$,$NB \perp$ 平面 $ABCD$,且 $MD = NB = 1$,E 为 BC 的中点,求异面直线 NE 与 AM 所成角的余弦值。

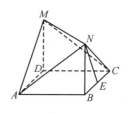

图1

众所周知,立体几何中求空间角的问题是高考的必考内容。回顾这类问题的求解历史,在新课改之前,主要用的是几何法,即通过点、线、面的位置关系,先作出空间角,然后进行求解。几何法对学生的空间想象和推理论证能力具有较高的要求。新课改之后,由于有了空间向量这个利器,学生不再纠结于错综复杂的空间几何关系,求空间角的问题也就转化为向量的运算问题。此后,用向量法求解空间角成了主

---

① 本文发表于《中学数学教学参考》2012 年第 1-2 期。

流,尤其是通过建立空间直角坐标系,利用空间向量的坐标运算进行求解的方法——"坐标法",在各地高考中更是屡战屡胜。

但近几年来,上述情况出现了微妙的变化,部分省份的高考命题有意给应用向量法设置障碍,出现了很难建系的几何体。坐标法不再是万能之法,有更多的迹象表明,几何法和向量法的并存与融合,成为目前高考命题的新趋势。基于此,笔者特地设计了上述立体几何问题,并打算组织学生开展一题多解,希望通过一题多解,使学生掌握几何法和不用建系的向量回路法。下面是这道题目的三种解法。

解法一(几何法):如图 2,过点 A 作直线 $AG \parallel NB$,连接 NG,使得 $GN \parallel AB$;过点 E 在平面 $ABCD$ 内作 $EF \parallel AB$,交 AD 于点 F;连接 FG,交 AM 于点 H,易知 $FG \parallel EN$,所以 $\angle AHF$ 就是异面直线 NE 与 AM 所成角。

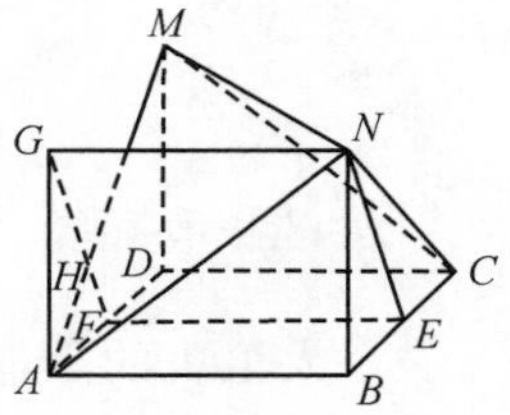

图 2

易得 $AH = \dfrac{\sqrt{2}}{3}$,$FH = \dfrac{\sqrt{5}}{6}$,$AF = \dfrac{1}{2}$,

所以 $\cos \angle AHF = \dfrac{AH^2 + FH^2 - AF^2}{2AH \times FH} = \dfrac{\dfrac{2}{9} + \dfrac{5}{36} - \dfrac{1}{4}}{2 \times \dfrac{\sqrt{2}}{3} \times \dfrac{\sqrt{5}}{6}} = \dfrac{\sqrt{10}}{10}$。

解法二(几何法):如图 3,连接 AE, BD,两线段交于点 O,在平面 AEN 内过点 O 作 $OF \parallel EN$,交 AN 于点 F;过点 F 在平面 ANM 内作 $FH \parallel AM$,交 MN 于点 H;连接 OH,可知 $\angle OFH$ 就是异面直线 NE 与 AM 所成角的补角。

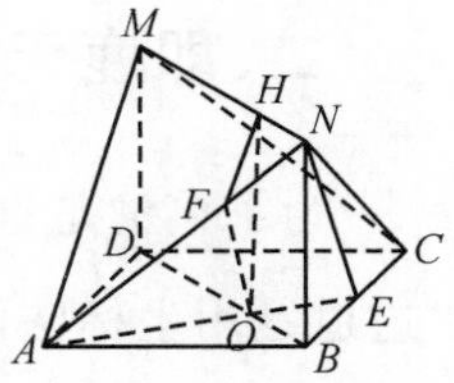

图 3

易得 $OF = \dfrac{2}{3} EN = \dfrac{\sqrt{5}}{3}$,$FH = \dfrac{1}{3} AM = \dfrac{\sqrt{2}}{3}$,$OH = 1$,

所以 $\cos \angle OFH = \dfrac{OF^2 + FH^2 - OH^2}{2OF \times FH} = \dfrac{\dfrac{5}{9} + \dfrac{2}{9} - 1}{2 \times \dfrac{\sqrt{2}}{3} \times \dfrac{\sqrt{5}}{3}} = -\dfrac{\sqrt{10}}{10}$,所以异面直线

NE 与 AM 所成角的余弦值为 $\dfrac{\sqrt{10}}{10}$。

解法三(向量回路法):

$$\overrightarrow{MN}^2 = (\overrightarrow{MA} + \overrightarrow{AE} + \overrightarrow{EN})^2 = \overrightarrow{MA}^2 + \overrightarrow{AE}^2 + \overrightarrow{EN}^2 + 2\,\overrightarrow{MA} \cdot \overrightarrow{AE} + 2\,\overrightarrow{AE} \cdot \overrightarrow{EN}$$

$$+2\overrightarrow{MA}\cdot\overrightarrow{EN},$$

即 $2=2+\dfrac{5}{4}+\dfrac{5}{4}+2(\overrightarrow{MD}+\overrightarrow{DA})\cdot\overrightarrow{AE}+2\overrightarrow{AE}\cdot(\overrightarrow{EB}+\overrightarrow{BN})+2\times\sqrt{2}\times\dfrac{\sqrt{5}}{2}\times$

$\cos\langle\overrightarrow{MA},\overrightarrow{EN}\rangle,$

得 $\cos\langle\overrightarrow{MA},\overrightarrow{EN}\rangle=\dfrac{-\dfrac{5}{2}-2\overrightarrow{DA}\cdot\overrightarrow{AE}-2\overrightarrow{AE}\cdot\overrightarrow{EB}}{\sqrt{10}}$

$$=\dfrac{-\dfrac{5}{2}+2\times\dfrac{\sqrt{5}}{2}\times\dfrac{\sqrt{5}}{5}+2\times\dfrac{\sqrt{5}}{2}\times\dfrac{1}{2}\times\dfrac{\sqrt{5}}{5}}{\sqrt{10}}=-\dfrac{\sqrt{10}}{10},$$

所以异面直线 NE 与 AM 所成角的余弦值为 $\dfrac{\sqrt{10}}{10}$。

令人沮丧的是,本次的一题多解遭到了前所未有的冷遇。纵观整堂课,基本上是笔者一个人在唱"独角戏",学生根本不愿参与;尽管笔者几次三番提问,但学生却没有积极发言,而是选择沉默不语;更有部分学生只顾自己低头做作业,对笔者的解法没有表现出丝毫兴趣。和平时相比,学生在本堂课上的表现简直天差地别,这让笔者感到非常迷惑。

二、即鹿无虞,惟入于林中——"一题多解"违背"时机"

为了搞清楚这个问题,课后,笔者进行了调查。学生的理由令人啼笑皆非:"这道题用坐标法能很快得到正确答案,何必弄得如此麻烦?"学生认为老师的解法和他们熟知的解法相比过于烦琐,于是就产生了厌学情绪。当然,学生的这一想法是片面的,他们想当然地认为题目解对了任务就完成了,殊不知数学解题贵在举一反三,"解一题,会一类,通一片"才是数学解题的最终目标。笔者之所以在上述三种解法中没有触及坐标法,是因为坐标法学生已经掌握得比较好,几何法和不建系的向量法学生平时鲜有接触,而多掌握一种方法,考试就多一条"生路"。"可怜天下老师心",学生"就题论题"的学习观也确实应该想办法改一改。但反过来想想,一题多解"遇冷"的"板子"不能仅仅打在学生的身上。的确,能用简单方法解决的问题何必要弄得如此复杂呢?新增加的三种方法的优势又体现在哪里呢?当一题多解无法激起学生的学习兴趣和求知欲时,还有没有必要强迫他们进行一题多解？作为教师,这些问题都需要进行反思,同时更需要明确在什么情况下可以开展一题多解,这就引出了一题多解的"时机"问题。

三、器藏于身,待机而动——"一题多解"把握"时机"

俗话说:机不可失,时不再来。由此可见时机的重要性。教育也不例外,孔子曾说"不愤不启,不悱不发",意思是给学生创造一种"愤"和"悱"的情境,这是进行教育教学的最佳时机;孟子主张教育应"如时雨化之";《礼记·学记》中则把教育时机作为一条教学原则;大教育家夸美纽斯的巨著《大教学论》的精髓是"自然遵守适当的时机";艾宾浩斯的"遗忘曲线"与及时复习观等都体现了极强的教育时机思想。教育时机指的是:针对特定的教育者与教育对象,客观存在的、可以获得最佳教育效能的一段时间中的一种机遇,以及对这种机遇的创设、捕捉与利用。具体来说,有以下几点。

◎一段时间内教育者对各种教育因素(知、情、意、行)的把握;

◎把握师生情感共振期中学生最需要帮助的时刻,以及剧烈冲突的时刻;

◎教学中各关键期的利用;

◎教育机智的把握;

◎人体生物钟规律的理解与运用。

把握教育时机是教学的一条基本原则,把握好教育时机往往能达到事半功倍的效果。那么一题多解的"时机"该如何把握呢?

1. 在学生思维受阻时开展一题多解

解题的过程就是思维的过程。学生在解题思维受阻时,就会迫切希望教师能够为他们指点迷津,从而迎来"柳暗花明"的时刻。就本堂课而言,若把题中的几何体换成难以建系的几何体,学生惯用的坐标法就会无法实施,从而引发认知和思维上的冲突,迫使学生不得不寻找解决问题的新方法。此时,教师再因势利导,组织学生探究新的解题方法——几何法、向量回路法等方法,就能帮助学生摆脱思维困境,迎来胜利的曙光。在学生思维受阻时开展一题多解,不仅有利于学生思维的开通、开窍,促进思维的延伸,实现思维上的质的突破,而且能够使学生认识到掌握多种方法对于解决数学问题的重要性,最终改变学生"就题论题"

的学习观。

2.在学生思维兴奋时开展一题多解

思维是认知活动和智力领域的核心。当学生思维兴奋时,学生的认知就会出现积极、主动、活泼、紧张的状态,这是课堂教学的最佳境界。思维出现兴奋状态后,除了思维活动以外,还有一系列认知因素和智力活动产生相应的变化,如注意力集中性增强,记忆和表象活动的迅捷性提高,联想和想象活动更活跃、流畅等,学生的学习效果会显著提高。此时正是开展一题多解的大好时机。以本堂课为例,学生在思维受阻时,经过教师引导,学会了三种解题方法,此时学生的思维已经被激活,出现了兴奋的状态。教师应该趁热打铁,继续引导学生对三种解法进行比较和分析,让学生学会根据具体的题目选择恰当的方法,明白什么时候用几何法解决问题,什么时候用向量法解决问题;同时鼓励学生提炼出更好的、更典型的解题方法,从而进一步改进和优化已有的思维过程,促进学生思维能力的发展。

波利亚说:"掌握数学就意味着善于解题。"数学教学的根本目的在于提高学生探索和解决问题的能力,而一题多解正是培养这种能力的重要途径。数学解题教学要注重时机,一题多解更要"见机行事"。

"成"也向量，"败"也向量①

——向量法提前介入立体几何教学引发的思考

一、向量法在应试中大显"神威"

例 1 如图 1，在棱长为 1 的正方体 $ABCD-A_1B_1C_1D_1$ 中，O 是 BD 的中点。

（Ⅰ）求证：平面 $BDD_1B_1 \perp$ 平面 C_1OC；

（Ⅱ）求二面角 C_1-BD-C 的正切值。

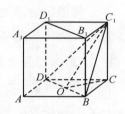

图 1

例 2 如图 2，在四棱锥 $P-ABCD$ 中，$PA \perp$ 底面 $ABCD$，其中底面 $ABCD$ 为梯形，$AD /\!/ BC$，$AB \perp BC$，且 $AP=AB=AD=2BC=6$，点 M 在棱 PA 上，满足 $AM=2MP$。

（Ⅰ）求三棱锥 $M-BCD$ 的体积；

（Ⅱ）求异面直线 PC 与 AB 所成角的余弦值；

（Ⅲ）证明：$PC /\!/$ 平面 MBD。

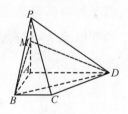

图 2

上述两道题取自宁波市 2012—2013 年度高一下学期数学期末考试试卷。笔者所在的县所有的高一学生都参加了本次考试，并且实行网上统一阅卷。笔者恰好负责这两道题的批改工作。

在批改过程中，笔者发现，有相当数量的学生是用向量的坐标运算解决这两道题的，甚至包括垂直和平行的证明。笔者感到非常诧异。高中阶段立体几何内容被分成了两部分，分别在两个阶段进行教学。以教材（注：此处指 2019 年以

---

① 本文发表于《中学数学教学参考》2013 年第 11 期。

前的人教 A 版数学教材)为例,立体几何的第一部分被安排在必修 2 的第一章
"空间几何体"和第二章"点、直线、平面之间的位置关系",一般在高一进行教学,
主要向学生传授立体几何的传统方法,即几何法;第二部分被安排在选修 2-1 的
第三章"空间向量与立体几何",一般在高二进行教学,主要介绍向量法在立体几
何中的应用。因此,高一期末考试中本不应该出现向量法的影子,至少笔者所在
的学校对高一学生并未进行过任何与向量法有关的教学。事后才知道,有两所
学校(暂且把它们称作 A 校、B 校)已经完成了向量法的教学。

纵观上述两道题目,例 1 比较容易,第(Ⅱ)问中的二面角 C_1-BD-C 图中
已经给出,不用向量法学生也能求出;例 2 的第(Ⅱ)(Ⅲ)问都涉及辅助线的添
加,对于初涉立体几何的高一学生来说,确实有一定的难度,若采用向量法,则能
轻松应对。考试结果也表明,向量法的得分率远远高出几何法。

利用向量法处理立体几何问题,常常可以起到化繁为简、化难为易的效果。
它最大的优势就是让学生摆脱空间中令人眼花缭乱的点、线、面的位置关系的干
扰,不添加任何辅助线,直接通过向量运算轻松解决立体几何中位置、角度、距离
等问题。因此,向量法深受师生的青睐,也逐步成为当前高考应试的主流方法。
为了能够让学生快速突破空间角度、距离计算的瓶颈,很多教师在立体几何初始
教学阶段就向学生传授向量法。从本次考试可以看出,这样的做法显然起到了
预期的效果,笔者也曾一度后悔没有向学生传授向量法,否则得分不会相差如此
悬殊。

二、向量法在解题中凸显"尴尬"

考试结束后,县里举行了高一立体几何教学交流活动,笔者受邀开设了一堂
公开课,上课地点就在 A 校。笔者选了 2013 年的两道高考题作为上课的例题。

例 ③ (2013 重庆卷理科第 19 题)如图 3,在四棱锥 $P-$
$ABCD$ 中,$PA\perp$ 底面 $ABCD$,$BC=CD=2$,$AC=4$,$\angle ACB=$
$\angle ACD=\dfrac{\pi}{3}$,$F$ 为 PC 的中点,$AF\perp PB$。

（Ⅰ）求 PA 的长;

（Ⅱ）求二面角 $B-AF-D$ 的正弦值。

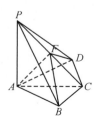

图 3

解决本题的第(Ⅰ)问"求 PA 的长",最便捷的方法是把"AF⊥PB"这个条件,转化为向量关系"$\overrightarrow{AF} \cdot \overrightarrow{PB}=0$"进行求解。鉴于 A 校学生已经完成了向量法的学习,想必对多数学生来说,用上述方法解题不应该存在很大的问题,但结果却出人意料。

师:对于这个问题,你们打算用什么方法解决?

生:向量法。

师:对,向量法确实是非常好的选择,那你们为什么不去尝试求解呢?

生:找不到互相垂直的三个向量,无法建立坐标系。

师:$PA \perp$ 底面 $ABCD$,$\triangle ABC$ 恰好是直角三角形,过点 A 作 BC 的平行线,或者过点 B 作 PA 的平行线,不就有三个两两垂直的向量了吗?

生:为什么 $\triangle ABC$ 是直角三角形?

师:$BC=2$,$AC=4$,$\angle ACB = \dfrac{\pi}{3}$,不就马上可以确定 $BC \perp AB$ 吗?

生:这怎么得到的?

(笔者深感困惑,这是很明显的结论,学生怎么会想不到呢?)

师:我们可以用余弦定理验证。

生:原来如此。

师:除了用坐标运算,还有没有其他向量方法?

生:……(不知所措)

师:坐标运算需要建系,但向量法不需要建系也能运算,只需选择一组向量作为基底,把所有向量都用基向量来表示,就可以运算了。

因为 $\overrightarrow{AF} = \dfrac{1}{2}(\overrightarrow{AP} + \overrightarrow{AC})$,$\overrightarrow{PB} = \overrightarrow{PA} + \overrightarrow{AB}$,

则 $\overrightarrow{AF} \cdot \overrightarrow{PB} = \dfrac{1}{2}(\overrightarrow{AP} + \overrightarrow{AC}) \cdot (\overrightarrow{PA} + \overrightarrow{AB}) = \dfrac{1}{2}(-\overrightarrow{AP}^2 + \overrightarrow{AC} \cdot \overrightarrow{AB})$

$= \dfrac{1}{2}(-\overrightarrow{AP}^2 + |\overrightarrow{AC}||\overrightarrow{AB}|\cos\angle BAC) = 0$,

解得 $|\overrightarrow{AP}| = 2\sqrt{3}$。

随后,笔者开始引导学生解决本题的第(Ⅱ)问。由于已经建好坐标系,所有学生都毫不犹豫地选择了坐标运算。但由于计算量较大,多数学生在规定的时间内未能完成解答,还有很多学生出现了运算错误,笔者只能在黑板上演示整个运算过程。

师：除了用向量法，本题其实还可以用几何法解决，你们会做吗？

生：……（不知所措）

师：一般情况下，直接作出二面角的平面角是有一定难度的，但在某些特殊情况
下，我们不妨尝试一下。大家观察一下这个几何体有什么特殊的地方。

生：……（还是没反应）

师：大家看，$\triangle ABF$ 和 $\triangle ADF$，是不是全等？

生：是。

师：过点 B 作 AF 的垂线，垂足为 G，然后连接 DG（如图 4），显然
$DG \perp AF$，则 $\angle BGD$ 就是所求二面角的平面角，在 $\triangle BDG$ 中
利用余弦定理就很容易求出它的大小。

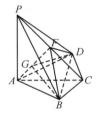

图 4

生：为什么 $DG \perp AF$？

师：因为 $\triangle ABF$ 和 $\triangle ADF$ 全等。

生：为什么由三角形全等就能得到 $DG \perp AF$？

最后，经过笔者一番解释，终于解决了学生的疑问。

通过本题的教学，笔者终于搞清楚了 A 校向量法教学的实际情况。教师向
学生传授过向量法，但只局限于最常用的坐标运算；对于建系问题，似乎没有进
行深入的探讨，学生对于向量法的理解也只停留在皮毛上。在后续的学习阶段，
该校教师采取了一些措施来弥补向量法前期教学的不足。不可否认的是，在这
个教学过程中产生了一些较严重的"后遗症"，比如，学生的空间想象能力薄弱，
不会构造最基本的几何辅助线；学生的推理能力缺失，连显而易见的几何关系都
不会证明。而这两大能力恰是学好立体几何乃至高中数学的关键。那么，这两
大能力的培养是否也可以在立体几何的后续教学中加以补救呢？若教师依然以
向量法为重头戏，则对这两大能力的培养起不到任何帮助；若教师有心回归到传
统几何法的教学，恐怕学生学习的意愿要大打折扣。尝到过向量法的"甜头"，学
生还会有动力重新学习传统的几何法吗？姜伯驹院士曾经指出："平面几何之招
人恨，在于它能透视出思维的品质（包括洞察力和说服力），靠死记硬背不容易过
关。"平面几何升级版的立体几何，恐怕更加招学生"恨"。

三、向量法导致学生思维趋于"僵化"

例④ （2013湖南卷理科第19题）如图5，在直棱柱 $ABCD-A_1B_1C_1D_1$ 中，$AD/\!/BC$，$\angle BAD=90°$，$AC\perp BD$，$BC=1$，$AD=AA_1=3$。

（Ⅰ）证明：$AC\perp B_1D$；

（Ⅱ）求直线 B_1C_1 与平面 ACD_1 所成角的正弦值。

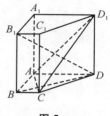

图5

本题容易建立坐标系，学生顺利地算出了正确答案。虽然学生算对了答案，但笔者却高兴不起来。因为坐标法似乎成了学生的唯一选择，甚至第（Ⅰ）问垂直关系的证明多数学生也是通过坐标运算得到的。垂直、平行几何关系的证明，用得着坐标运算吗？坐标法操作机械，没有过深的思维成分，恐怕是学生选择它的唯一理由。

第（Ⅱ）问即便采用了坐标法，实际上还是有优化的余地。平面 ACD_1 的法向量其实不必重新列方程求解，由第（Ⅰ）问可得 $B_1D\perp$ 平面 ACD_1，因此 $\overrightarrow{B_1D}$ 就是平面 ACD_1 的一个法向量，只需求出向量 $\overrightarrow{B_1C_1}$ 和 $\overrightarrow{B_1D}$ 的夹角就行了。但很遗憾，没有一个学生注意到这点。

由此可见，学生没有耐心审题，不会根据具体的题目选择恰当的方法，而是毫不犹豫地选择坐标法，一味希望通过"建系—运算"的固定程序解决灵活多变的立体几何问题。学生的解题思维已经趋于僵化，如果不采取有效的措施，后果将会非常严重。

至此，我们可以明确，向量法的提前介入对学生来说并非好事。立体几何之所以被分成两部分，分两个阶段教学，必有其道理。在第一阶段的学习中，学生需要了解立体几何的概貌，掌握研究立体几何问题的传统方法，同时逐步提升空间想象能力和推理能力。由于用几何方法求空间角和距离往往需要添加一系列的辅助线，会让很多学生感到困难，于是就需要进行第二阶段的学习，通过引入空间向量，引导学生从代数的角度研究几何问题，从而使学生摆脱几何图形的干扰，只需通过计算就能求得结果。向量法的学习理应建立在传统几何法的基础上，只有在学生对空间中点、线、面之间的关系具有一定认识之后，再学习向量法，才能达到融会贯通、活学活用的境界。若在第一阶段压缩几何法的正常教学时间,急于向学生"兜售"向量法,虽然短期内能够起到立竿见影的效果,但是后期的副作用必然会凸显。一方面,由于基础知识的铺垫不够,向量法的后续学习会受到影响;另一方面,学生过早接触向量法后,面对"强大"的向量法,艰涩的传统几何方法必然为学生所抛弃,那么第一阶段的学习成果就付诸东流了。于是乎,向量法成了学生的"救命稻草",这也就意味着学生在立体几何学习上开始故步自封了,解题思维也就僵化了。

正所谓"'成'也向量,'败'也向量"。向量法的教学必须遵循规律,放眼长远,任何短视的行为,最终都要付出代价。如果已经过早地抛出向量法,那么后续的补救工作该如何来做?这个问题仍然值得我们教师持续深入思考和研究。

一盎司的经验胜过一吨的理论

在生活中,人们非常重视和需要经验。小王应聘失败,原因是没有相关工作经验;看病时,人们喜欢找年龄大的医生,须发花白就是经验老到的标志;修车师傅若很有经验,光听发动机的声音,就知道故障出在哪里;品酒师若很有经验,用鼻子闻一闻,就能说出酒的产地、年份……

美国教育家约翰·杜威说:"一盎司的经验,胜过一吨的理论。不管任何理论,只有靠经验才能得到发挥。"在他看来,没有经验,就没有理论,没有教育,"经验"就是教育的起点。这就意味着,越符合经验的知识越容易被接受,越贴近经验的技能越容易被掌握。例如,众多的电脑软件与手机 APP,虽然功能不同,但其操作方法甚至功能按键所在的位置都大同小异。只要熟悉其中一款,其他的就可以无师自通。很多国产软件的操作界面都参考了国外的经典软件,因为这些软件上市早,设计成熟,用户对于它们的使用已经相当有经验,国内软件开发商想要迅速抢占市场份额,除了要在功能上进行突破外,软件的操作也绝对不能脱离用户的已有经验,否则会让用户产生怪异、不友好的体验感。

话题回到高中数学,如果说"函数的概念"这节课是最难上的,估计没人会提反对意见。

初中函数的定义:在一个变化过程中,对于每一个自变量 x,都有唯一的因变量 y 与之对应……

高中函数的定义:两个非空实数集 A 与 B,集合 A 中的任一个数 x,按照某种确定的对应关系 f,在集合 B 中都有唯一确定的数 y 和它对应……

两种定义的表述相去甚远,学生用不上现成的经验,光理解其表达的意思就十分费力,教师要上好这样的课自然也就困难重重。

反之,与学生的已有经验相关的课就比较好上,类比迁移一下即可。比如,空间向量的课可以类比平面向量的经验来上;指数运算的课也非常好上,初中整数指数幂的运算经验对高中的有理数幂、实数幂照样行得通;线面平行的课怎么上,线面垂直的课也可以怎么上。一般来说,同一单元、同一模块数学内容的学习经验都差不多,教材也是这样来编的,只要前面有过这方面的学习经验,接下去的学习过程就是对已有经验进行连续类比迁移,那么在教学中,教师就可以放手让学生自己去学。

　　我曾经听过一节公开课,上课的主题是"用向量研究平行关系与垂直关系"。如果换成是我去上这节课,我就会直接抛出一个立体几何问题,让学生思考:除了用传统的几何法研究空间中平行与垂直的位置关系外,还能用什么方法? 因为,在此之前,学生已经能够通过向量运算判断平面几何中的位置关系,比如,可以利用向量的共线定理判断两条直线是否平行,用数量积判断两条直线是否垂直。也就是说,以向量为工具来研究几何关系,学生已经具备相当丰富的经验,老师没必要把学生当成"菜鸟"一样来教。当时上课的老师没有考虑到这一点,坚持从"零起点"开始教学,一步一个脚印,面面俱到。老师本身的教学水平毋庸置疑,遗憾的是这位老师没有借助学生已有经验来顺水推舟,而是大费周章,从头开始积累经验,这是教学理念上出了问题。

　　经验的类比迁移不仅仅局限于同一单元、同一模块,乃至同一学科,它也可以跨界迁移。有些知识不好教,换个角度,换个思路,换个领域,或许就会找到经验支撑。

　　有学生问:"为什么要引入零向量,还要规定其方向为'任意'?"类比物理中力的合成,两个大小相同、方向相反的力的合力是"零",可以肯定"合力"是向量,因此"零向量"一定存在。既然是向量,就一定要有方向。根据向量加法的经验,为"零"的力的方向应该与合成它的两个力的方向有关,由于两个方向相反的力有无数种可能性,必然造成"零向量"方向的不确定性,那么索性规定"零向量"的方向为"任意",这也使得"零向量"与任何方向的向量都可以进行运算,这就与实数中"零"的性质非常接近了。

　　又有学生问:"为什么要有空集?"类比一下生活就明白了。前几年,我被一则高价回收硬币的广告所吸引:某些年份的 1 分硬币,回收价最低 5000 元。1 分钱能瞬间涨几十万倍! 我回家翻箱倒柜地找,翻出了上百枚 1 分硬币,唯独没有广告中提到的年份发行的。后来才知道,国家压根就没有发行过这些年份的 1 分硬币。所谓的高价回收,就是"逗你玩"。这些年份的 1 分硬币理论上可以构成一个集合。但问题来了,这个集合里的元素是什么呢? 根本不存在这样的 1 分硬币,但这个集合确确实实是存在的。也就是说,存在没有元素的集合,这类集合就称为空集。空集有很多,比如,{撒哈拉沙漠中的北极熊},北极熊生活在北极,沙漠中根本没有,这个集合是空集;又比如,{身高 5 米的人},这样的人是不存在的,这个集合也是空集。生活中就有这么多形形色色的空集,数学中就更多了,空集真的是必需品。

一定有老师跟我有相同体会——学了很长时间的"弧度制",可还是有很多学生喜欢用"角度制",遇到"弧度制"总是先转化为"角度制",浪费时间不说,还影响后面的学习。这个问题怎么解决? 我的方法是类比各种经验,让学生充分体会到弧度制的重要性、必要性、合理性、优越性。比如,类比运算经验,10进制运算是非常方便的,而角度制是60进制与10进制的混用,运算时麻烦不断;类比物理中公式的构成经验,如果采用国际标准单位的话,公式就会非常简洁,反之就相对复杂。那么角度制下的弧长公式能否通过改变单位而得到简化? 关于本节课的具体教学设想,我写成了论文《类比"解惑",凸显"自然"——再谈"弧度制"教学》。

我们组里有一位年轻老师要开设一节县级公开课,上课的主题是"抛物线的定义及标准方程"。对于这样一种带有展示、表演性质的课,适当的包装与打磨是必不可少的。这节课要出彩,抛物线的"引入"是一个切入口。这位老师花了很多功夫,除了教材所提供的几何画板演示法外,还找到了另外四种引入方式:统一定义归纳法、工具作图法、同心圆描点法、折纸法。方法一多,抉择起来就纠结。于是,她找到了我。

"你认为好的教学引入标准是什么?"

"应该是新颖,别人没见过的那种。"

"上面的几种方法,哪种比较新?"

"工具作图法与同心圆描点法,我从没听说过,比较新。"

"假设你选择了同心圆描点法,这个引入要花多长时间?"

"先把圆一个个画出来,再把点描出来,最后还要向学生解释为什么会是抛物线,一时半会儿还不好解释……"

"引入耗时太多,肯定不行的。那么你就选择工具作图法,想想操作是否容易。"

"需要直尺、三角尺,还需要一条绳,用手按住直尺,固定绳的两端,沿直尺上下移动三角尺,用笔画出图形,在桌面上估计还好操作,在黑板上就不好控制了。"

"这两种方法看上去新,但不实用,那么就形同虚设了。"

　　不少老师认为不玩点新花样,似乎对不起公开课或者示范课的名头。我坚决赞成创新,但不是表面上看上去新就是创新,创新有前提,首先要尊重学生的经验。

　　在学习抛物线之前,学生已经学习了椭圆与双曲线,也知道这两种曲线可以动手操作用工具画出来,分析作图的过程就可以获得曲线的定义。这就是学生的经验。作为圆锥曲线家族的一员,抛物线的引入理应基于这种经验。按照这个标准,工具作图法是第一选项,但由于其操作起来不方便,只能忍痛割爱。退而求其次,可以选择操作性强一点、体验感丰富一点的方案。用几何画板直接演示方便快捷,可惜不会给学生带来强烈的体验感,这样,折纸法就成了最优方案。

　　那位老师听从了我的建议,选择了折纸法。但试上了一下,结果让人沮丧。不但课堂秩序混乱,而且很多学生根本无法在规定时间内完成折纸任务。

　　我却说:"选折纸法没错,我可以演示一遍。"看了我的课,那位老师终于明白自己的问题出在哪里。在折纸之前,我高举双手,亲自示范,明确要领,而那位老师只是简单口头介绍了折纸方法;在折纸过程中,我并没有等所有的学生折好后再提出问题,而是看到有三分之一的学生完成后就暂停折纸活动;在抛物线定义提炼过程中,我把比较难的问题分解为若干个相对简单的小问题,以问题链的形式启发学生的思维,让没有完成折纸任务的学生继续带着问题去分析折纸背后的数学原理,而那位老师直接把难题抛给学生……

　　教学的设计要立足于学生经验,课堂的生成却取决于教师的经验,同样的教学设计,在不同的教师手里可能会产生不同的效果。这与做菜很相似,不同的厨师做出来的同一道菜,口味会不尽相同。教师的经验决定了教学的细节,而细节恰恰决定了成败。我专门写了文章《"同课同构":给教学注入"工匠精神"——以"抛物线及其标准方程"为例》来探讨这件事情。

　　爱因斯坦说:"把所有学到的东西全忘光,留下来的就是经验。"获得经验就是教育的一个重要目标。上课不仅要讲知识、讲技能,还要传授经验,把知识教学上升为经验教学。例如,判断一元二次方程根的个数,不要忽视对"二次项系数是否为0"的讨论;看到"面面垂直"的条件,需要先"作公共直线的垂线";处理参数取值范围问题,"参数分离"可以避免分类讨论;遇到恒成立问题,往往转化为最值问题;遇到零点个数问题,往往转化为图象交点问题……教师鼓励学生大量刷题,就是为了让学生自己积累解题经验,以达到一看到题目就能迅速知道解题方法的目的。

学生掌握的经验越多,其学习能力就越强;学习能力越强,获取经验的效率就越高,经验与学习能力之间就形成了同生共长的良性循环。想明白了这层关系,就能理解"学困生"为什么会成为"学困生"。这类学生有一个共同的特点,就是对知识的遗忘速度特别快,你前脚讲,他后脚忘,经验一直得不到积累,学习能力自然就不能获得提升。于是,在他们眼里很少有"似曾相识"的知识,任何知识对他们来说可能都"陌生"。因此,对于这类学生的教学,考验的不仅是教师的业务水平,更是教师的耐心,需要多次强化,才能实现其经验的积累。

经验积累到一定的程度,加以整合就可能升级为"套路"。一提到"套路",很多人本能地反感,这都怪互联网把"套路"一词给"玩坏"了,什么"城市套路深,我要回农村""深情总是留不住,偏偏套路得人心""多一点真诚,少一点套路"。"套路"本身是中性词,它是指精心策划的、应对某种情况的方式方法。使用该方式方法的人往往已经对其熟练掌握,并且形成条件反射,逻辑上倾向于习惯性使用这种方式方法应对复杂的情况,心理上往往已经产生对这种方式方法的依赖性。它对人有较深影响,令人使用某种特定不变的处理事件的方式,对一些情形的处理形成固定的路数。抛开对"套路"的成见,不难发现,"套路"集各种"经验"于一体,是认知客观世界以及提出问题、分析问题、解决问题惯用的方式与方法。

用做菜来举个例子。我最早只会做红烧带鱼,我的经验是先用大火把锅里的油烧得很热,加入姜、大蒜,烧出香味后,把鱼放入,两面煎黄,再加入生抽、蚝油、料酒、白糖等调料,盖上锅盖炖几分钟,最后加上葱花出锅。那么,红烧鲫鱼、鲤鱼、鲳鱼是否也可以这样操作?红烧猪肉、牛肉、鸡肉、羊肉呢?红烧带鱼的经验便升级为我做所有"红烧菜"的"套路"。

学生在学习函数单调性时,获得了这些经验:先在图象中直观感知"上升与下降",明确图象的"上升与下降"表示函数值的"增与减";然后,思考如何用符号语言刻画"函数值随 x 的增大而增大(减少)";最后,用"任意表示无限",进而得到函数单调性的抽象定义。这些经验在"奇偶性""周期性"的学习中得到发展与完善。最后,凡是与函数性质有关的内容,都可以按照这样的一种"套路"进行。

高中数学人教 A 版新教材主编章建跃认为,注重"基本套路",才是好的数学教学。授之以知识,不如授之以"套路"。在数学教学中,"套路"比比皆是,例如概念理解套路、公式证明套路、数学解题套路、数学建模套路等。

　　有老师问我，如何把"面面垂直的性质定理"这节课上得有新意。正如我前面说的那样，教材的编写也遵循经验一致原则，同一章的内容编写"套路"基本一样，这样学生学起来方便，老师教起来也顺利。立体几何中"空间点、直线、平面之间的位置关系"这章内容的每一节课，从三大公理开始，到面面垂直的性质定理结束，都按照"生活现象—数学原理—原理应用"的"套路"展开。按照这种"套路"，学生能够更好地领悟立体几何的基本思想方法。教学可以创新，但决不能破坏这个"套路"，只能对教学方式进行改进。因此，我回答这位老师："这节课你大可不必像前面几节课那样，帮助学生发现、提炼，可以让学生自己独立获得面面垂直的性质。"

　　立体几何教学有两大"套路"。

　　第一种，是经由"生活现象—数学原理"获得公理定理的"套路"。比如，"三大公理"，或称为"三大基本事实"，就是根据以下生活现象得到的：

　　分析三角形结构的稳定性，得到基本事实1：过不在一条直线上的三点，有且只有一个平面。

　　利用"木工用直尺检验桌面是否平整，如果直尺与桌面有缝隙，说明桌面不平，否则桌面平整"的基本操作，得到基本事实2：如果一条直线上的两点在平面内，那么这条直线在平面内。

　　观察榫卯结构，其凹槽与凸起把两块木板榫合在一起，得到基本事实3：如果两个不重合的平面有一个公共点，那么它们有且只有一条过该点的公共直线。

　　平行与垂直关系的判定、性质定理更是对生活现象的直接总结，比如：在转动门的过程中发现线面平行的判定定理与面面垂直的判定定理，在翻书的过程中发现线面平行的性质定理，在折纸时发现线面垂直的判定定理。

　　第二种，是借由新的几何对象刻画空间位置关系的"套路"。比如，上述的"三大基本事实"实际上就是借助点、线、面三个几何对象，从三个视角来刻画平面的"平"与"无限延伸"。再比如，在判断线面平行时，借助平面内的一条线，通过"线线平行"来证明"线面平行"；研究线面平行的性质时，通过构造过直线的平面，让新的平面与已知平面相交，获得了"线线平行"的结论。

　　这些"套路"为学生研究立体几何提供了一般化的操作流程，学生完全可以凭借自己的力量，闯出一片天地。在"面面垂直的性质定理"教学中，教师先组织学生回顾"线面平行性质定理"与"面面平行性质定理"的获得及定理本身的构成过程，使"套路"得到进一步明确；然后，给出学习任务表(如表 1 和表 2)，探究在直线 $a\perp$ 平面 α 的条件下，引入新的几何对象，能够获得哪些有用的性质；最后，教师就坐等学生的好消息吧。

表 1　引入直线 b

引入的几何对象	直线 b	直线 b	直线 b	直线 b	直线 b
与已知线面的关系	$b\subset\alpha$	$b\perp\alpha$	$b/\!/a$	$b\perp a, b\not\subset\alpha$	$b/\!/\alpha$
性质	$a\perp\alpha, b\subset\alpha$ $\Rightarrow a\perp b$	$a\perp\alpha, b\perp\alpha$ $\Rightarrow a/\!/b$	$a\perp\alpha, b/\!/a$ $\Rightarrow b\perp\alpha$	$a\perp\alpha, b\perp a,$ $b\not\subset\alpha\Rightarrow b/\!/\alpha$	$a\perp\alpha, b/\!/\alpha$ $\Rightarrow b\perp a$

表 2　引入平面 β

引入的几何对象	平面 β	平面 β	平面 β	平面 β
与已知线面的关系	$a\subset\beta$	$a/\!/\beta$	$a\perp\beta$	$\alpha/\!/\beta$
性质	$a\perp\alpha, a\subset\beta$ $\Rightarrow\alpha\perp\beta$	$a\perp\alpha, a/\!/\beta$ $\Rightarrow\alpha\perp\beta$	$a\perp\alpha, a\perp\beta$ $\Rightarrow\alpha/\!/\beta$	$a\perp\alpha, \alpha/\!/\beta$ $\Rightarrow a\perp\beta$

学生除了能够得到"垂直于同一平面的两条直线平行"这一结论外，还可以得到另外的八大性质。在"套路"的指引下，教师的"放手"更能展现学生的智慧，你说这样的课有没有新意？效果好不好？至于教材为何将"垂直于同一平面的两条直线平行"作为线面垂直的性质定理，可能是基于两方面考虑：一是性质定理要足够简洁，容易记忆；二是构建与平行关系的横向联系，促使立体几何网状知识体系的形成。对于这个问题，当然也可以组织学生讨论。

从"经验"中来，回到"经验"中去，这应该是数学课堂教学的价值取向。对于"经验"的内涵还可以进一步探讨，比如到底有哪些经验、分为几类、经验是不是对学习一定有促进作用等，可以从我的文章《从"学生经验"到"核心素养"的跨越——研读高中数学人教 A 版新教材所引发的思考》中找到答案。这是我写的第一篇理论性比较强的文章，发表于《中小学教师培训》。

相关论文

类比"解惑"，凸显"自然"①

——再谈"弧度制"教学

　　"弧度制"的产生历史以及人教 A 版教材中对"弧度制"相关内容的呈现方式决定了其必为教学难点。当然，教师对于"弧度制"教学的探索一直没有停止。有的教师直接给出"1 弧度"的定义，然后阐述该定义的合理性；有的教师先类比角度制的定义引出弧度制，再比较两者的异同，进而凸显弧度制的优越性；还有的教师依托数学史，详细阐述角度制到弧度制的演变历史。这些做法从某种程度上都可以减轻弧度制"从天而降"的突兀感，使学生经历较自然的概念建构的过程，但遗憾的是它们都忽略了对"引入弧度制的必要性"的揭示，即回答"为什么引入弧度制，引入弧度制的目的是什么"。这两个问题没有解释清楚，容易导致学习目的不明确，教学过程不自然。总而言之，弧度制依旧"糊涂"。

　　一般情况下，数学概念教学首先要解决的是必要性的问题，其次才是合理性、优越性的问题。弧度制的教学也可以按照这样的思路展开。由于弧度制是角度制基础上的改进与优化，类比角度制，有助于弧度制概念的生成与理解。不仅如此，在引入弧度制的过程中，还可以与生活中的计算、物理中的公式进行类比，有助于凸显弧度制的必要性。因此，"类比"应该成为本课的主要教学思想。下面介绍具体的教学过程。

---

　　①　本文发表于《中小学数学》2016 年第 4 期。

一、类比生活计算，感受度量单位的重要性

度量是人类生产生活、科学研究不可缺少的内容，要进行度量，必须确定度量的单位。度量单位的建立和使用本身包含着一定的科技含量和文化底蕴，同时也从侧面反映了一个时代的社会生产力和科技发展水平，这就导致了同一个量可能有多个度量单位。比如，质量单位有千克、克、毫克等国际通用单位，还有斤、磅等具有地域特色的单位。在众多的单位中，如何选择和确定最方便计算的单位，成了各国科学工作者努力的方向。在数学中，角度制用来衡量角度的大小，但在具体计算中不方便，于是就引入了弧度制。因此，本课开篇首先要让学生明白三点：一是单位在计算中的重要作用；二是角度制在计算中的不方便；三是同一个量可以有多个单位，进而让学生感受度量单位的重要性。

师： 有人说，马云的资产有 1000 亿元，全国有 13 亿人，若将其按我国人口平均分，则平均每人可以分到约 77 亿元。你认为这种算法对吗？

生： 显然错了，原因就在"单位"上，1000 亿元除以 13 得到的是"每亿人"可分到的钱，而不是"每人"。

师： 由此可见，"单位"在计算中具有重要的作用，不容忽视。那么在数学中，表示角度大小的单位是什么？是如何定义的？

生： 角度制，周角的 $\frac{1}{360}$ 为 $1°$。

师： 现在的时间是早上 8 时 45 分 15 秒，若分针又走了 $205°35'21''$，请问是几点？

（要准确计算这个问题，比较费时间）

师： 计算容易吗？为什么？

生： 不容易，比较费劲，单位换算很麻烦。

师： 的确如此，时间的单位是 60 进制，逢 60 进 1，所以不方便，而我们生活中最常用的是 10 进制，便于运算。其实，同一个量可以由多个单位表示，比如质量单位，你能举出哪些？

生： 千克、克、吨、毫克；斤、磅、盎司、克拉。

师： "好的单位"会给计算带来方便，这节课我们就来探索表示角度大小的另一种单位。

二、类比物理公式，感受弧度制的必要性

物理学科对度量单位的追求可谓达到了极致，由此建立了国际单位制。在国际单位制下，物理公式得到了简化。比如，学生最熟悉的物体重力公式 $G=mg$，这里的质量 m 的单位是国际单位"千克"，如果是其他单位，物体的重力公式就要比 $G=mg$ 复杂。弧度制可以类比国际单位制下的单位，也起到了简化公式的作用。在弧度制下，扇形的弧长公式由角度制下的 $l=\dfrac{n°\pi R}{180°}$（n 为角度数）简化为 $l=nR$（n 为弧度数），扇形的面积公式也由 $S=\dfrac{1}{2}\cdot\dfrac{n°\pi R^2}{180°}$ 简化为 $S=\dfrac{1}{2}nR^2$。因此，在本课教学中，可以把弧度制与物理公式的简化进行类比，引发学生对于公式简化的思考，从而解决引入弧度制的必要性问题。

问题：物体所受的重力 $G=mg$，这里的 m 是物体的质量，单位为 kg，g 是重力加速度，取 9.8N/kg。若物体的质量为 1kg，则所受重力 $G=1\times9.8N=9.8N$。若物体的质量为 1 磅，那所受的重力为多少呢？

师：1 磅不能直接代入公式，要先转化为"千克"。1 磅约为 453.59g，即 0.45359kg，则物体所受的重力 $G=0.45359\times9.8N=4.445182N$。容易得到"磅"单位下的重力公式 $G=\dfrac{m_1 453.59}{1000}g$，这里 m_1 表示以磅为单位的物体质量的值。

比较两个重力公式，不难发现，选择合适的单位对于简化公式具有重要作用。在角度制下扇形的弧长公式 $l=\dfrac{n°\pi R}{180°}$ 看上去比较烦琐，能不能想办法简化？

生：如果能够令系数 $\dfrac{\pi}{180°}=1$，弧长公式就可以简化为 $l=nR$。

师：如此一来就有 $180°=\pi$，依此类推，$90°=\dfrac{\pi}{2}$，$60°=\dfrac{\pi}{3}$，$45°=\dfrac{\pi}{4}$，我们发现了衡量角度大小的另一种单位。那么这种度量单位是怎么定义的？由新弧长公式 $l=nR$ 得 $n=\dfrac{l}{R}$，也就是说，这里角的大小可以用弧长 l 除以半径 R 来表示。这种单位体系我们称之为弧度制。

三、类比特殊角度，感受弧度制的合理性

衡量度量单位是否合理的一个重要指标就是稳定性，即随外界因素的改变而发生变化的程度。弧度制的定义"$n = \dfrac{l}{R}$"也要符合稳定性的要求，即要证明：一旦角确定，不管在多大的圆中，$\dfrac{l}{R}$是定值。此外，对许多度量单位来说，"1"往往具有一定的特殊含义，比如，1 米是 $\dfrac{1}{299792458}$ 秒的时间内光在真空中行进的长度，1 千克是 1 立方分米的纯水在 4℃时的质量。了解"1"背后的特殊含义对于体会度量单位的合理性具有积极意义。对于弧度制来说，"1 弧度"就是"弧长等于半径长的弧所对的圆心角"，这是一个非常特殊的几何图形，不禁使我们联想到"长度等于半径长的弦所对的圆心角是 60°"这一特殊情形。把两者进行类比，有助于学生进一步感受弧度制的合理性。

师：$\dfrac{l}{R}$ 会不会受圆半径大小的影响？

生：不会，由弧长公式 $l = \dfrac{n° \pi R}{180°}$，可得 $\dfrac{l}{R} = \dfrac{n° \pi}{180°}$，$\dfrac{l}{R}$ 只与角的大小有关，与圆的半径无关。

师：那么"1 弧度"是如何定义的呢？它有什么特殊含义？

生：由 $\dfrac{l}{R} = 1$，得 $l = R$，所以弧长等于半径长的弧所对的圆心角为 1 弧度。

师：在角度制下，长度等于半径长的弦所对的圆心角是 60°；在弧度制下，1 弧度是弧长等于半径长的弧所对的圆心角，它们所对应的几何图形都非常特殊。借助一些特殊事物来定义度量单位，是国际上通用的办法。

四、类比角度制，感受弧度制的优越性

引入弧度制的主要目的就是方便运算，数学中的很多公式因为弧度制而得到了简化。最直观的例子就是在弧度制下，弧长公式和扇形的面积公式得到了明显的简化。具体如表 1 所示。

表 1　角度制与弧度制下公式的比较

项目	进位制	弧长公式	扇形面积公式
角度制	10 进制与 60 进制并用	$l=\dfrac{n^{\circ}\pi R}{180^{\circ}}$	$S=\dfrac{1}{2}\cdot\dfrac{n^{\circ}\pi R^{2}}{180^{\circ}}$
弧度制	10 进制	$l=nR$	$S=\dfrac{1}{2}lR=\dfrac{1}{2}nR^{2}$

更多的例子可以在高等数学中寻找,比如,在弧度制下 $\lim\limits_{x\to0}\dfrac{\sin x}{x}=1$,而在角度制下 $\lim\limits_{x\to0}\dfrac{\sin x}{x}=\dfrac{180^{\circ}}{\pi}$;泰勒展开式在弧度制下为 $\cos x=1-\dfrac{x^{2}}{2!}+\dfrac{x^{4}}{4!}-\dfrac{x^{6}}{6!}+\cdots$,而在角度制下为 $\cos x=C-\dfrac{C^{2}x^{2}}{2!}+\dfrac{C^{4}x^{4}}{4!}-\dfrac{C^{6}x^{6}}{6!}+\cdots$;著名的欧拉公式 $e^{i\pi}+1=0$ 也是在弧度制下得到的。当然,高等数学中的例子超出了学生的认知水平,不宜在教学中采用。在本课中,可以采用具体的例题,让学生动手计算,感受弧度制的优越性。

师:在弧度制下,扇形的弧长与面积公式分别是什么?

生:$l=nR$,$S=\dfrac{1}{2}lR=\dfrac{1}{2}nR^{2}$。

师:与角度制相比,扇形弧长与面积公式都得到了简化,这有利于我们的计算。

给出例题:已知扇形的周长是 8cm,圆心角的弧度数是 2。

(1)求扇形的面积;

(2)求圆心角所对的弦长。

给出变式:已知扇形的周长是 10cm,求扇形的面积最大时圆心角的大小。

合理运用"类比"这种建立在学生已有经验基础上的教学手段和思想,可以使学生更容易理解新的数学概念。体现数学概念的"必要性、合理性、优越性"三属性的三个教学环节设计,充分揭示了"弧度制"的来龙去脉,它们共同构成了"弧度制"概念教学的自然过程。不仅这节课应该体现这三个属性,对于一般数学概念,都应该以这三个属性为主线展开教学。

"同课同构"：给教学注入"工匠精神"①

——以"抛物线及其标准方程"为例

"同课异构"是对同样的教学内容采用不同的教学方式与手段,展开个性化教学;与之相反,"同课同构"指的是对同一教学内容,不同教师采用相同的教学设计与方法开展教学。如果说"同课异构"能够从宏观视角展现教师的教学理念与专业素养,那么"同课同构"更能够从微观视角凸显教师教学的"工匠精神"。下面笔者就结合本校教研组举行的一次"同课同构"教学活动谈谈对此的看法。本次教学的主题是"抛物线及其标准方程"。

一、解读教材,达成"同一"理解

教材是课堂教学的脚本与依据,教师对教材的理解直接决定其教学的方式、方法与策略,因此,解读教材是开展"同课同构"的第一步。通过解读教材,教师形成对教学关键要素的统一认识,如下。

内容与课时安排：抛物线的定义、标准方程和应用三部分,分两课时完成。本节课完成的是第一课时,即抛物线的定义与标准方程。

教材设计思路：由初中的二次函数图象引出课题;借助几何画板探究抛物线的几何性质,进一步提炼出抛物线的定义;通过类比椭圆、双曲线标准方程的推导,得到推导抛物线的标准方程的一般过程。

学情分析：首先,与学习椭圆、双曲线不同,学生对抛物线的图象已经非常熟悉,对于抛物线的函数解析式也具有比较深入的研究。一方面,这为后续学习提

---

① 本文发表于《中学数学教学参考》2017 年第 10 期,被中国人民大学复印报刊资料中心《高中数学教与学》2018 年第 1 期全文转载。

供了足够充分的知识储备；另一方面，初中是从函数的角度研究抛物线，而本节课是从解析几何的角度探讨抛物线的几何性质及方程，这在一定程度上会造成认知上的混淆。其次，通过椭圆与双曲线的学习，学生基本掌握了求曲线方程的一般推导步骤与思想方法，对于如何建立合适的坐标系使得方程结构更加简单，具备了一定的经验。

教学难点：在几何观点下，发现抛物线图象的几何性质，提炼其几何定义。

二、集体研讨，明确"同一"方案

1. 系统分析备选方案

教学难点的突破往往有多种手段与途径，集体研讨的主要目的就是借助集体的智慧，通过系统分析各种方案的利弊，明确最优的教学方案，从而达成教学设计上的共识，这是实现"同课同构"的基础。对于本节课而言，有以下五种设计方案。

（1）统一定义归纳法

设计思路：

问题 1 点 M 到定点 $F(4,0)$ 的距离和它到定直线 $x=\frac{25}{4}$ 的距离之比为 $\frac{4}{5}$，则点 M 的轨迹方程是_____。

问题 2 点 M 到定点 $F(5,0)$ 的距离和它到定直线 $x=\frac{16}{5}$ 的距离之比为 $\frac{5}{4}$，则点 M 的轨迹方程是_____。

问题 3 点 M 到定点 $F(2,0)$ 的距离和它到定直线 $x=-2$ 的距离之比为 1，则点 M 的轨迹方程是_____。

此方案看似合情合理，实则违背了课改初衷与教材意图，因此不宜选用。

（2）几何画板演示法（教材方法）

设计思路：在几何画板中先作一定点 F，再作一定直线 l，在 l 上任取一点 H，过点 H 作 $MH\perp l$，作线段 FH 的垂直平分线 m，交 MH 于点 M。拖动点 H，观察点 M 的轨迹，发现轨迹是抛物线。

优点：步骤简单，动态效果好，能够直接在作图时发现点 M 所满足的几何条件，容易提炼抛物线的定义。

缺点:一是存在教学逻辑上的矛盾,学生事先并不知道抛物线的几何定义,让学生信服电脑作出的图形就是抛物线的理由不充分;二是存在"灌输"的嫌疑,定点、定直线都已经给出,抛物线定义的得出是不是太容易了?

(3)工具作图法

椭圆、双曲线都是先用简单的作图工具画出来,然后从画法中提炼其几何定义。那么抛物线能否利用类似的工具作出来呢?

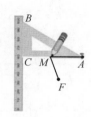

图 1

设计思路:如图 1,把一根直尺固定在画板上面,将直角三角板的一条直角边 BC 紧靠直尺的边缘,取长度等于另一条直角边 AC 的绳子,将绳子的一端固定在顶点 A 处,另一端固定在画板上的点 F 处,用笔尖扣紧绳子,靠住三角板,将三角板沿着直尺上下滑动,笔尖对应的点 M 的轨迹就是抛物线。

优点:设计巧妙,体现与教材的一致性,容易被学生理解与接受。

缺点:工具看似简单,但无法单人操作,需要多人辅助,并且画出的图形效果并不能令人满意。

(4)同心圆描点法

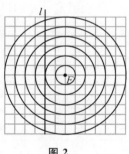

图 2

设计思路:如图 2,在一张方格纸上作出一系列同心圆,圆心为 F,任作一条竖线 l(最好与方格线重合),在圆上描出到圆心 F 与直线 l 的距离相等的点,用光滑的曲线连接起来,就得到一条抛物线。

优点:操作简单,图象直观。

缺点:作图背后的原理揭示不够,教师直接提供描点方法,学生缺乏深度思考。

(5)折纸法

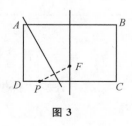

图 3

设计思路:如图 3,准备一张矩形薄纸 $ABCD$,在 CD 的垂直平分线上取一点 F,在 CD 上任取一点 P,然后将薄纸对折,使得点 P 和点 F 重合,得到一条折痕;展开薄纸,再在 CD 上取其他的点,按上面的方法折纸,一直重复下去。观察这些折痕围成的图形,发现是一条抛物线。

优点:操作性强,过程体验充分,从中能够领悟到丰富的数学思想方法。

缺点:一是耗时过长,需要制造大量的折痕,否则看不出是抛物线;二是对学生的思维水平要求高,折痕造成的视觉干扰使得抛物线的几何性质不容易被发现。

上述五种方案,除第一种直接被淘汰出局外,其余四种各有千秋,难以抉择。于是,我们从方案改进的角度开展进一步研究,通过分析"改进设想"与"预期效果"的关联度,最终确定方案。其中"预期效果"从"是否体现教材意图、是否具有可操作性、是否经历深度思考、是否符合学生的认知水平"四个维度进行衡量。用 A1、A2、A3、A4 分别表示上述四个维度,如表 1。

表 1　四种方案的改进设想及预期效果

方案	改进设想	预期效果			
		A1	A2	A3	A4
几何画板演示法	先利用函数解析式作出图形,然后验证图形具有怎样的几何性质。 思考:如何快速、准确地由二次函数解析式确定抛物线的焦点与准线?	√	×	√	×
工具作图法	专门订制作图工具。 思考:教学成本是否过高?	√	×	√	√
同心圆描点法	①揭示物理背景:处于同一位置同频率振动的点源与线源所产生水波的共振点按抛物线排列。 思考:其中涉及比较复杂的物理原理,学生是否能够理解? ②揭示几何背景:抛物线上的点就是"过定点且与定直线相切的圆的圆心轨迹"。 思考:表述虽然简单明了,但学生是否容易想到作图背后的原理?	√	√	×	×
折纸法	①选取恰当数量的点,控制折痕数量。 ②构造辅助线段,明确点线关系。 思考:具体如何优化?	√	√	√	√

2. 结合学情优化方案

综上分析,"折纸法"是比较令人满意的方案,但它也存在着"耗时""思维水平要求高"的缺陷。依据表 1 中的改进设想,我们继续发挥集体的力量优化方案,使得方案更具操作性,更符合教学实际,具体如表 2。

表 2 折纸法的操作步骤及目的

操作步骤	目的
①把需要对折的点描好,标上 1,2,3,…,点的数量定为 15 个,中间 1 个,左右各 7 个,对称分布。	用较少的点得到明显的曲线,节省折纸时间。
②点 F 选取在靠近底边的位置。	增加折痕所围成曲线的"陡峭"程度,便于学生看出抛物线。
③过这些点分别作竖直方向的垂线。	便于学生发现抛物线的几何性质。
④把折痕勾勒出来的曲线用光滑曲线描出来,把其中的一部分折痕用笔画出来。	便于凸显抛物线。
⑤借助几何画板,模拟折纸过程。	便于学生发现折纸的原理。

通过操作步骤①②③,矩形薄纸可以优化设计成如图 4 所示的样子。

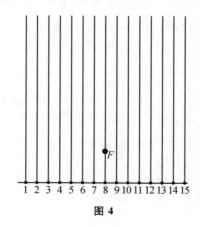

图 4

三、教学实践,关注"不同"细节

"纸上得来终觉浅,绝知此事要躬行。"教学设想需要通过教学实践加以检验,相同的教学设计是否能够产生相同的教学行为与效果呢?我们安排两位教师按照既定的教学方案分别进行教学实践,以课堂观察的形式,把他们对一些细节的处理进行对比分析,如表 3。

表 3　两种教学实践的对比

教学细节	教师甲	教师乙	对比分析
规则宣读	口头说:"把点 1 对折到点 F,得到一条折痕,把点 2 也对折到点 F,得到一条折痕,依此类推,把所有点都对折到点 F,你会有什么发现?"	高举双手,一边示范一边解说:"把点 1 对折到点 F,使两点重合,然后用力按压产生折痕,依此类推,把所有点都对折到点 F,观察折痕所围成的曲线是什么图形。"	教师乙的讲解更加清楚高效,提问更加有针对性。
折纸操作	等待全部学生完成折纸操作。	三分之一的学生完成折纸操作后,立即暂停。	教师甲耗费了过多的时间,教师乙则让学生产生了意犹未尽的感觉。
定义生成	提问:你能从中发现抛物线的几何性质吗?	提问:你知道椭圆、双曲线的定义是怎么发现的吗? 是在"作图操作"中发现的,那么你能从折纸的过程中发现抛物线的几何性质吗?	教师乙的提问更注重知识的前后联系。
	选取其中一条折痕,把它用黑笔画出来,提问:观察它与抛物线有什么关系。	继续让学生体验折纸过程,并提问:思考折纸中涉及哪些关键元素,比如动点、定点、定直线。	教师乙更注重从操作体验中获得线索。
	折痕显然与曲线相切,切点就是抛物线上的点,为了更直观,用几何画板演示,让学生观察切点、定点 F 以及 15 个点所在的直线之间的关系,发现切点到定点 F 与定直线的距离相等。	提示学生发现:折痕越多,围成的曲线就越清晰,因此给定的 15 个点看似定点,但其实质是一条定直线。	教师乙的点拨环环相扣,层次分明,给学生足够的思考空间,凸显"自主发现"的教学理念。
		让学生思考纸上 15 条垂线与折痕的交点具有怎样的特点。	
		让学生观察抛物线上的点与定点 F、定直线之间的关系。	
		用几何画板进行演示。	

　　尽管"同课同构",但两位教师在教学细节的处理上还是存在着显著的差异,由此带来的教学效果大相径庭。"同中找异""同中思异"正是"同课同构"活动的研究重点,所产生的差异一方面充分体现了"共性与个性"的辩证关系,另一方面真实反映了教师的教学功底及专业素养水平。

四、"同"中求"宜",弘扬"工匠精神"

世上没有绝对完美的课,只有更加"适宜"学生的课。"同"中求"宜",即如何在既定的教学框架下,打造出"适宜"学生的课,这才是"同课同构"的终极目标。这不仅考验教师的教学专业功底,更能体现教师在教学上的"工匠精神"。"工匠精神"所表现出的对产品的精雕细琢、精益求精,对质量、性能永无止境的追求,恰恰与我们所倡导的教育教学理念相吻合。

1. 以"工匠精神"凝聚"利他"情怀

工匠谋于物,精于工,虽然使用者并非自己,但依然竭尽所能优化产品的设计,让用户获得满意的使用体验,这充分展现了工匠的"利他"情怀。同样,在教师的心目中,教学的宗旨就是"服务学生","利他"也应是课堂教学的一贯追求,从本质上讲,就是我们一直倡导的"以学生为中心、以学生为主体"的教学理念。

2. 以"工匠精神"打造"精细"课堂

对企业而言,同样是一件产品,为什么有的供不应求,有的却无人问津?同样是品牌,为何有的名声在外,有的却名不见经传?究其原因,就是"做工分野"的区别,成功的企业往往把"精细"看得高于一切。同样,教学也有优劣、粗细之分,而"工匠精神"追求的就是精细的作风。教师应"精于工,细于术",通过对教学细节的精致把握,设计出自然流畅的教学过程,打造"精细"课堂。

作为一种教研形式,"同课同构"的优势在于,在确保"大同"的前提下,能令教师教学的细微差异得以放大和凸显,从而引发教育者对"工匠精神"的持续思考与探索。

从"学生经验"到"核心素养"的跨越^①

——研读高中数学人教 A 版新教材所引发的思考

《全国基础教育课程改革纲要》明确规定:"要加强课程内容与学生生活以及现代社会和科技发展的联系,关注学生的学习兴趣和经验;教材改革应有利于引导学生利用已有的知识与经验,主动探索知识的发生与发展,同时也应有利于教师创造性地进行教学。"因此,笔者特意以"经验"为关键词对《普通高中教科书数学(A 版)》(人民教育出版社 2019 年以来的版本,即人教 A 版新教材)必修第一册与第二册的文本进行检索,发现涉及"经验"的语句至少出现了 13 处,具体如表 1 所示。

表 1　教材中"经验"的出处及具体内容

人教 A 版新教材	"经验"所在章节	具体内容
必修第一册	3.3 幂函数	结合以往学习函数的经验,你认为应该如何研究这些函数?
	第五章 三角函数(引言)	本章我们将利用这些经验,学习刻画周期性变化规律的三角函数。
	5.2.1 任意角的三角函数	根据研究函数的经验,我们利用直角坐标系来研究上述问题。
	5.4.2 正弦、余弦三角函数的性质	根据研究函数的经验,我们要研究正弦函数、余弦函数的单调性、奇偶性、最大(小)值等。
	5.4.3 正切函数的图象与性质	根据研究正弦函数、余弦函数的经验,你认为应如何研究正切函数的图象与性质?

①　本文发表于《中小学教学培训》2020 年第 7 期。

人教 A 版新教材	"经验"所在章节	具体内容
必修第二册	6.2.1 向量的加法运算	根据数的运算的学习经验,定义了一种运算,就要研究相应的运算律,运算律可以有效地简化运算。
	6.4.2 向量在物理中的应用举例	在日常生活中,我们有这样的经验:两个人共提一个旅行包,两个拉力夹角越大越费力……
	8.2 立体图形的直观图	生活的经验告诉我们,水平放置的圆看起来非常像椭圆,因此我们一般用椭圆作为圆的直观图。
	8.4.1 平面	在实际生活中,我们有这样的经验:如果一根直尺边缘上的任意两点在桌面上,那么直尺的整个边缘就落在了桌面上。
	8.5.3 平面与平面平行	根据已有的研究经验,我们先探究两个平行平面内的直线具有什么位置关系。
	8.6.2 直线与平面垂直	根据已有经验,我们可以探究直线 a 与平面 α 内的直线的关系。
	8.6.3 平面与平面垂直	如果两个平面互相垂直,根据已有的研究经验,我们可以先研究其中一个平面内的直线与另一个平面具有什么位置关系。
	9.2.1 总体取值规律的估计	我们要注意积累数据分组、合理使用图表的经验。

与此形成鲜明对比的是,"经验"在人教 A 版旧教材必修 1～5、选修 2-1～2-3共计 8 册教材中,总共出现 10 次左右。由此可见,人教 A 版新教材的一大亮点就是充分凸显了"学生经验"在教学中的重要作用,强调通过对"学生经验"的有效运用,实现从经验积累到素养育人的跨越。

一、对学生经验的认知与理解

1.什么是学生经验

在传统的观点下,经验通常被认为是一种低级的感性认识,是"靠不住"的;海德格尔认为"经验丰富的人往往只知其然而不知其所以然";奥斯卡·王尔德认为"当一个人自以为有丰富的经验时,就往往什么事情也干不了"。人们开始认识到"经验"对于学习的积极意义,要归功于杜威对"经验"的重新界定与内涵拓展。他认为,经验是一个主体与环境事物之间相互作用、相互影响、相互交融的过程;经验是一个整体,这个整体里面包含经验的结果,更包含经验的过程。"经验"在教育领域的延伸就是"学生经验",杜威认为,学生经验既是教育的起点,又是教育的途径,更是教育的目的。因此,教育的本质就是"对学生经验的不断改造或改组"。

2. 学生经验的分类

一般观点认为,学生经验可以分为种族经验与学生个体经验,直接经验与间接经验,校内经验与校外经验。这样的分类显然太过笼统,既无法凸显经验的学科特色,又无法呈现经验在认知上的作用。结合数学的学科特点,笔者认为,学生经验可以分为"生活经验"与"数学经验"。例如,人教 A 版新教材中有这样的表述:"我们有这样的经验:如果一根直尺边缘上的任意两点落在桌面上,那么直尺的整个边缘就落在了桌面上。"此处的"经验"指的就是"生活经验"。"生活经验"很好理解,那何为"数学经验"? 简而言之,就是"认知数学的经验",一般可以细分为"为何学的经验""学什么的经验""怎么学的经验"。例如,"根据数的运算的学习经验,定义了一种运算,就要研究相应的运算律"中的"经验"是指"为何学的经验";"根据研究函数的经验,我们要研究正弦函数、余弦函数的单调性、奇偶性、最大(小)值等"中的经验是指"学什么的经验";"本章我们将利用这些经验,学习刻画周期性变化规律的三角函数"中的"经验"是指"怎么学的经验"。由此可见,没有学生相关经验的存在,一切学习都无从谈起;没有学生相关经验的支撑,一切有意义的学习都无法生成。数学学习就是建立学生的"生活经验"与"数学经验"之间联系的一种认知过程。

二、学生经验的特点决定新教材编写的逻辑规则

按照人教 A 版新教材主编章建跃的说法,本次新教材体系的设计遵循了顺序性、联系性、整合性、关联性的逻辑规则,而这些逻辑规则也恰恰与"学生经验"的特点相呼应。

1. 学生经验的"连续性"与"发展性"决定了教材体系的"顺序性"与"联系性"

一方面,在学习过程中,学生的每种经验既从过去的经验中采纳了某些东西,同时又以某种方式影响和改变着未来的经验,从而呈现出连续生长的状态;另一方面,教育与学生阅历使学生经验在原有的基础上得到不断改组或改造,推动着学生的经验从"幼稚"走向"成熟",从而表现为"学生的经验得到了发展"。学生经验连续性与发展性的特点要求教材的编写要以数学内容出现的先后次序为依据,综合考虑数学知识的逻辑和学生心理的逻辑,构建连贯的学习过程,自然而然、水到渠成地引入和展开学习内容。例如,人教 A 版新教材在"函数"之前增加了"一元二次函数、方程和不等式"这部分初高中衔接内容。显然,新教材关注了影响教材顺序性的一个重要现实问题:学生在初中阶段学过函数,但经过了漫长的暑假学习空档期,很多学生已经忘记了函数的定义、特点,再加上高中"函数"概念的建构对学生的思维要求较高,对于刚进入高中的学生来说,客观上存在较大的认知障碍。因此,新教材把初中所学的函数、方程、不等式进行整合,建立知识间的联系,让学生在延续初中经验的基础上掌握基本不等式模型,学会一元二次不等式的解法,为后续学习函数模块提供了必要的知识技能与活动经验。

2. 学生经验的"整体性"与"交互性"决定了教材体系的"整合性"与"关联性"

不能脱离学生的生活与学习而谈经验,学生经验不仅与生活以及各个学习要素等外部环境是不可分割的整体,而且与外部环境具有交互作用,与环境的变化相互适应。学生经验的整体性与交互性的特点要求教材的编写注重数学各主题内容的紧密联系,从知识系统的高度对知识进行整合,同时关注学科之间的关联,特别是数学与物理、化学、生物等学科的关联。例如,人教 A 版新教材把"解三角形"这部分内容移到"平面向量"中,恰恰是基于数学史实与学生经验整体性的一次重新整合。从数学发展史看,三角学与任意角的三角函数并不是一回事,三角学源于天文学,后来主要用于平面三角的测量、测绘工作,于是就有了解三角形的问题;任意角的三角函数的诞生主要是为了研究圆周运动,作为刻画周期现象的一种函数模型。当然,三角学中也定义了三角函数,但仅仅局限于锐角三角形,而任意角的三角函数也不是锐角三角函数的简单推广。因此,把"解三角形"从"三角函数"中割离,是一种正本清源的行为。"解三角形"融入"平面向量",则可以加强学生经验的交互作用:一是借助平面向量的经验实现正弦定理、余弦定理的简单推导与证明;二是有助于形成"平面向量是解三角形的有力工具"的经验。

三、从"学生经验"到"核心素养"的跨越

2017 年版高中数学课程标准指出:"数学学科核心素养是具有数学基本特征的思维品质、关键能力以及情感、态度与价值观的综合体现,是在数学学习和应用的过程中逐步形成和发展的。"学生经验是学生数学学习"过程"与"对象"的统一,是学生认知与思维的综合。显然,掌握数学知识是发展数学学科核心素养的前提,而对知识的理解与应用却根植于学生经验。因此,指向学生核心素养的数学教学一定要立足于学生经验。不仅如此,"理解数学、理解学生、理解教学"是实施数学课堂教学的三大支点,其中,"理解学生"就是要全面了解学生的认知经验。由此可见,对学生经验的理解是实现核心素养育人目标的前提。实现从学生经验到核心素养的跨越,需要抓住以下两点。

1. 打破"已有经验",唤起"我要学"的欲望,实现核心素养的主动化发展

爱因斯坦说:"把所有学到的东西全忘光,留下来的就是教育。"而"经验"或许就是"留下来"的最宝贵的一部分。虽说经验具有互动性、发展性的特点,但经验是否需要互动、是否得到发展,则取决于学习者的主观欲望或实际需求。如果学习者认为所具备的经验应付生存、学习与外界环境的变化已经绰绰有余,那么他在主观上就会忽视甚至排斥经验的更新与发展。对于学生来说,此时已有的经验就会成为学习路上的"绊脚石",只有"打破"它,才能确保后续学习有效发生。例如,很多老师发现"函数的概念及表示"这节课的教学目标很难达成,无法通过"三个实例"让学生建构起函数的一般定义,最后只能以"直接给出现成定义"的方式草草收尾。之所以出现这种尴尬,是因为已有经验告诉学生:初中阶段函数的概念(变量说)表述已经很明确,还有必要继续学习函数概念(集合对应

说)吗？因此，本节课的教学首先要从触及学生认知"短板"入手，从而打破学生已有的认知经验。教师可以提问："正方形的周长 l 与边长 x 的对应关系是 $l = 4x$，而且对于每一个确定的 l 都有唯一的 x 与之对应，所以 l 是 x 的函数，这个函数与正比例函数 $y = 4x$ 相同吗？""你能用已有的函数知识判断 $y = x$ 与 $y = \dfrac{x^2}{x}$ 是否相同吗？"对照初中阶段函数定义的表述，学生很难对以上问题进行准确回答，这就相当于告诉学生"已有的经验不灵了，必须学习新的经验"，从内心深处激发起学生"我要学"的欲望，在实现学生经验从被动接受到主动更新的同时，促进学生核心素养的主动发展。

2. 强化"已有经验"，明确"如何学"的套路，促进核心素养的系统化发展

从某种程度上讲，学习数学就是学习研究数学对象的"基本套路"，比如数学概念构建的"套路"、推理证明的"套路"、数学探究的"套路"、数学解题的"套路"等。有些经验需要"打破"，有些却需要进一步强化，尤其是那些指向"如何学"的经验，需要从"内隐"走向"外显"，使学生能熟练地运用经验进行"套路"学习。比如，数学概念的构建通常按照"背景—概念—性质—应用"的"套路"进行，学生一开始可能并没有"套路"意识，但通过学习经验的积累和教师不断的点拨与强化，数学概念的构建"套路"就会得到明确，从而被纳入学生的已有经验。当遇到新的数学对象时，学生就会主动调用"套路"进行研究，例如，可以类比"实数"来构建"平面向量"知识体系，可以类比"等式"来学习"不等式"，也可以类比"函数"来认识"数列"。没有已有经验对"套路"的支持，就无法类比，更无法发展素养。又比如，在学习立体几何时，几乎所有判定、性质定理的学习都是遵循"直观感知—操作确认—思辨论证—度量计算"的"套路"，因此，只要经历前面几个定理的学习，学生就可以获得后续学习的"套路"。教师完全可以让学生借助前面所学的线面平行性质定理与线面垂直性质定理来研究面面垂直性质定理，把课堂教学的重心从知识的传授转移到学习经验的传递与强化上，在提升学习成效的同时，让学生获得对立体几何的完整认知，从而实现核心素养的系统化发展。

学生经验是数学教学的"向导"，是数学核心素养的"培养基"。根植学生经验、打破学生经验，使学生经验在"破"与"立"的动态平衡中得以汇聚与积淀，最终实现从"学生经验"到"核心素养"的跨越。

单元教学，到什么山唱什么歌

我参加过一次县优质课评比，当时的比赛内容是"两角差的余弦公式"。这节课上，公式的推导是重头戏。当时使用的老教材（本文中指 2003 版人教 A 版教材）呈现了两种方法：一种是"几何构造法"，在单位圆中通过割、补构造直角三角形，利用其边长之间的等量关系获得公式；另一种是"向量法"，把两角差看成向量的夹角，利用向量的数量积运算获得公式。我发现有的参赛老师把两种方法都讲了，有的却只讲了向量法。

我问其中一位老师为什么只讲向量法，她的回答是，"几何构造法"虽然直观，但构造过程复杂，学生一般想不到，老师需要耗费很长的时间进行解释，而"向量法"就比较简单易懂。

我又问另外一位老师为什么两种方法都讲，她说，教材既然提供了两种方法，就是要求学生两种方法都要掌握。

这两位老师的解释都有道理。数学公式、定理的推导与证明方法通常不唯一。若方法讲少了，在别人看来，或许就是备课不充分的表现；若方法讲多了，又有冲淡教学主题之嫌。

公式证明到底选择哪种方法，取决于对"两角差的余弦公式"所在教学单元的认识。如果认为"两角差的余弦公式"是初中解三角形内容的拓展，那么选择"几何构造法"是明智的选择，因为里面的构造思想就是初中解三角形常用的一些手段；如果要凸显向量解决三角问题的工具性作用，那么就应该选择"向量法"。

按照老教材"三角函数—平面向量—三角恒等变换"的编写思路来看，这节课的内容意在体现"平面向量"单元的应用价值，因此，采用"向量法"是比较合理的。人教 A 版新教材对这节课内容所在的单元进行了调整，按照"三角函数—三角恒等变换"的顺序来编写，这样一来，无论是"几何构造法"，还是"向量法"，都不再适用。因为这两种方法都无法凸显"三角函数是圆函数，两角差的余弦公式是圆的对称性的体现"这一单元主题。于是，人教 A 版新教材提供了一种全新的方法——"旋转对称法"。

如图 1，$P_1(\cos\alpha, \sin\alpha)$，$A_1(\cos\beta, \sin\beta)$，$P(\cos(\alpha-\beta), \sin(\alpha-\beta))$，

把扇形 OAP 绕点 O 旋转角 β，则点 A，P 分别与 A_1，P_1 重合，

根据圆的旋转对称性,可知 $AP = A_1P_1$,

则 $[\cos(\alpha-\beta)-1]^2 + \sin^2(\alpha-\beta) = (\cos\alpha-\cos\beta)^2 + (\sin\alpha-\sin\beta)^2$,

可得 $\cos(\alpha-\beta) = \cos\alpha\cos\beta + \sin\alpha\sin\beta$。

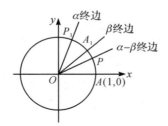

图 1

与前面两种方法比较,"旋转对称法"的优点不在于过程有多简洁,方法有多巧妙,而是向学生展示了"两角差的余弦公式是圆的对称性的三角表征"这一客观事实。任意角与圆有关,弧度制也与圆有关,任意角的三角函数、诱导公式、三角函数图象变换等统统与圆有关,整个"三角函数"单元就是为刻画"圆周运动"而生,这既是教材的编写意图,也是教学的隐性目标,应该让学生知道。对于三角函数这部分内容的特点,我在文章《求精、求新、求同、求实——高中数学人教A版新教材"三角函数"章节亮点分析》中有详细的论述。

单元主题意识不仅仅应体现在公式与定理的证明中,更要贯穿数学教学的全过程。有些老师在备课时,"只见树木,不见森林",情境创设、问题提出、过程设计,都只围绕这一节课进行,从来不去考虑下节课怎么上、这一个单元的课怎么上等问题。这种"就课论课"的备课方式极大地限制了教师的视野与分析问题的站位高度,在很大程度上会导致教师的教学设计水平停滞不前,从而使他们在遇到教学困惑时无法作出正确判断。

现在的数学教学进入了单元教学的时代,"就课论课"被诟病已久,单元教学设计才是"王道"。单元教学设计,是指在整体思维指导下对教材相关内容进行统筹重组和优化,并将优化后的教学内容视为一个相对独立的教学单元,以突出教学内容的主线以及知识间的关联性,在此基础上对教学单元整体进行循环改进的动态教学设计。这个概念的表述既冗长又抽象,可能有些不好理解,其实只需抓住其最核心的要素——"关联性"。

那么何为"关联性"呢?从字面上理解就是"相关的、具有联系的共性"。人类利用关联的眼光来认识世界与表达自己的情感,比如:把狂风大作与下雨关联起来，这是"山雨欲来风满楼"；把树叶纷纷落下与秋天关联起来，正所谓"一叶知秋"；把落日余晖与人生关联起来，忍不住发出"夕阳无限好，只是近黄昏"的感叹。

前几年，网上流传着很多外国人用中文演唱"雪花飘飘北风萧萧"的视频，唱腔怪异，中文蹩脚，让人忍俊不禁。那么外国人为何单唱"一剪梅"中的这句歌词呢？可能是因为他们遇到了倒霉事、不高兴的事，他们认为这一天过得很糟糕，然后就吟唱这句歌词。显然，他们把这句歌词与 unlucky、misfortune、bad 等关联起来。但作为中国人应该知道，在歌曲中，这句歌词用来反衬"梅花傲雪"的精神，表达的是积极乐观的心态。

看样子，怎么关联，与谁关联，并没有标准答案，这些受到社会文化、个人的主观喜好等因素的影响。但如果关联得当，就会起到非同凡响的效果。相传汉代才女卓文君写了一首怨郎诗，下面是其中一个版本。

一朝别后，二地相悬。

只说是三四月，又谁知五六年。

七弦琴无心弹，八行书无可传。

九连环从中折断，十里长亭望眼穿。

百思想，千系念，万般无奈把郎怨。

万语千言说不完，百无聊赖十倚栏。

重九登高看孤雁，八月中秋月圆人不圆。

七月半，烧香秉烛问苍天。

六月伏天，人人摇扇我心寒。

五月石榴似火，偏遇冷雨浇花端。

四月枇杷未黄，我欲对镜心意乱。

急匆匆，三月桃花随水转，飘零零，二月风筝线儿断。

噫！郎呀郎，巴不得下一世你为女来我为男。

相传司马相如飞黄腾达后，就有了休妻的念头。卓文君知道丈夫的想法后，饱含哀怨，写了这篇奇特文章，包含了大量的数字，从一、二、三，到百、千、万。这些数字不仅承载着深深的思念，也是两人爱情的见证，更是对良知的叩问。司马相如看了大受感动，打消了休妻的念头。

这篇文章的真实性有待考证，但不失为文学与数学关联的佳作。仔细品味其他文学作品,能发现更多文学与数学的关联。

例如"愚公移山",这个典故见于《列子·汤问》,从文学的角度分析,它讲述的是愚公不畏艰难、子孙相继、挖山不止的故事,体现了中华民族知难而进、艰苦奋斗的伟大精神。很多人会质疑愚公移山的可行性,想知道愚公的想法有没有科学依据。这个问题可以从数学的角度论证。

假设愚公第一代子孙人数为 a_1,第二代子孙人数为 a_2,第三代子孙人数为 a_3,…,第 n 代子孙人数为 a_n,我们就得到一个由正整数组成的无穷数列:a_1,a_2,a_3,…,a_n,…。

这个数列描述了愚公子孙繁衍生息的"无穷无尽"的状态。这个数列的每一项显然都与它前一项有关,但这种关系不是一种确定关系,具有随机性。如果愚公时代人们也自觉进行计划生育,假设一对夫妻只要两个孩子,并且愚公的子孙后代不能相互通婚,那么这个数列就满足 $a_{n+1}=2a_n$。

愚公有"子孙荷担者三夫",因此可以取 $a_1=3$,于是就得到了数列:3,6,12,24,48,96,…,$3\times2^{n-1}$,…。

这就意味着,愚公的第 n 代子孙将有 $3\times2^{n-1}$ 人。这些人的力量有多大呢?

当 $n=30$ 时,就有 $a_{30}=3\times2^{29}$,远超 10 亿。让这么多人每人拿一张纸,把这些纸叠起来,如果 100 张纸的厚度是 1 厘米,那么这些纸的厚度远超珠穆朗玛峰高度的 10 倍,挖掉区区太行、王屋二山根本不是问题。

当然,上面的算法还是保守的,只考虑了同一代人的挖山情况,实际上,好几代人可以一起挖山,比如祖辈、父辈、孙辈一起挖。因此,参与挖掘大山的总人数应该是这个数列的和。

又例如,明代刘元卿写的《贤奕编》记载了一篇名为《猫号》的故事,也可以跟数学进行关联。

齐奄家畜一猫,自奇之,号于人曰"虎猫"。客说之曰:"虎诚猛,不如龙之神也。请更名曰'龙猫'。"又客说之曰:"龙固神于虎也,龙升天须浮云,云其尚于龙乎?不如名曰'云'。"又客说之曰:"云霭蔽天,风倏散之,云故不敌风也,请更名曰'风'。"又客说之曰:"大风飙起,维屏以墙,斯足蔽矣,风其如墙何? 名之曰'墙猫'可也。"又客说之曰:"维墙虽固,维鼠穴之,斯墙圮矣,墙又如鼠何? 即名曰'鼠猫'可也。"东里丈人嗤之曰:"噫嘻! 捕鼠者固猫也,猫即猫耳,胡为自失其本真哉!"

大意如下。齐奄养了一只猫,自认为它很奇特,告诉别人说它的大名是"虎猫"。客人劝他道："虎的确很凶猛，但不如龙神通。请改名为'龙猫'。"另一个客人劝他道："龙确实比虎更神通。但龙升天必须浮在云上，云比龙更高级吧？不如叫'云猫'。"另一个客人劝他道："云雾遮蔽天空，风倏一下就把它吹散了，云不敌风啊，请改名叫'风猫'。"另一个客人劝他道："大风疯狂刮起来，用墙来遮挡，就足够遮蔽了。风和墙比如何？给它取名叫'墙猫'好了。"另一个客人劝他道："墙虽然牢固，但老鼠在里面打洞，墙就倒塌啦。墙和老鼠比如何？给它取名叫'鼠猫'好了。"东边院子里的老人嗤之以鼻道："呵呵！捕鼠的本来就是猫，猫就是猫，为什么要让它失去本来的面目呢？"

这篇文章的本意是劝人看事物要看本质，本来面貌是怎样就是怎样，不要刻意掩盖而使它失去本真，为人处事亦是如此。

如果借用数学中的函数符号 $f(x)=y$ 表示"将 x 改名为 y"的一种运算，并用 $f^n(x)$ 表示 $f(x)$ 的第 n 次复合，即：

$f^1(x)=f(x)$,

$f^2(x)=f(f^1(x))=f(f(x))$,

$f^3(x)=f(f^2(x))=f(f(f(x)))$,

…

$f^n(x)=\underbrace{f(f(f(...f(x))) ...)}_{n次}$,

那么，齐奄和他的客人对猫的一系列改名过程就可以用函数来描述：

$f(猫)=虎猫$,

$f^2(猫)=f(f(猫))=f(虎猫)=龙猫$,

$f^3(猫)=f(f(f(猫)))=f(龙猫)=云猫$,

$f^4(猫)=f(f(f(f(猫))))=f(云猫)=风猫$,

$f^5(猫)=f(f(f(f(f(猫)))))=f(风猫)=墙猫$,

$f^6(猫)=f(f(f(f(f(f(猫))))))=f(墙猫)=鼠猫$,

$f^7(猫)=f(f(f(f(f(f(f(猫)))))))=f(鼠猫)=猫$。

这一过程称为函数的迭代，对"猫"进行 7 次迭代后又重新得到原来的名字"猫"，这不就是数学中的不动点理论吗？

教师对于数学中的一些常见的关联要非常清楚。比如，看到函数的零点，想到方程的根、图象的交点；看到函数，想到方程、不等式、数列；看到椭圆，想到双曲线、抛物线；看到等差数列，想到一次函数、函数的单调性、直线的斜率。于是，单元教学视角下的备课重心就变成了寻找知识之间的"共性"，具体而言，就是把教学内容置于单元之中，寻找它与其他知识之间的联系，以获得更多的"共性"。这种备课方式是不是和"连连看"游戏很像？当教师把一系列的"共性"呈现给学生时，学生获得的就不只是碎片化的知识，而是一种系统的完整认知。

以"圆的标准方程"这节课为例，很多老师是这样上的：呈现圆的图片或视频引出概念—根据概念推导圆的标准方程—练习求圆的标准方程。上法虽然没问题，但如果把这节课纳入整个"解析几何"单元中进行综合分析，就会发现原来的教学设计过于浅薄。按照"直线—圆—圆锥曲线"的教学顺序，"圆的标准方程"这节课刚好起到承上启下的作用。圆之前学的是直线，那么直线的方程是怎么推导的？它与圆的标准方程的推导存在怎样的关联？圆之后要学圆锥曲线，那么圆的定义的获得过程与方程的推导过程对圆锥曲线的学习有什么启发？这两个问题应该在这节课中得到充分体现。再往前追溯，其实学生初中已经学过圆了，圆的定义和各种几何性质学生也一清二楚，高中阶段几乎没有补充新的性质，那么这节课是否还有必要让学生欣赏圆的图片来获取其几何定义呢？这样一分析，就会发现这节课的教学重点不在于圆的定义的获得，难点也不在于圆的标准方程的推导，而是如何把初高中知识、直线与圆、圆与圆锥曲线的关联性充分体现出来。这节课的具体上法，可以参考我的文章《基于整体单元化设计理念的高中数学教学——以"圆的标准方程"一课为例》。

县里的另一次优质课评比，上课的主题是"双曲线的渐近线"。"渐近线"是在上"双曲线的几何性质"这节课时顺便带过的，一般不会单独拿来上一节课，这对参赛的教师而言是不小的挑战。遗憾的是，8 位上课教师全部都是按照"定义＋应用"的常规套路进行，把教学的重点全部放在"求渐近线的方程""利用渐近线方程求双曲线的方程、离心率"上，硬生生地把概念课上成了习题课，导致比赛成绩都不太理想。这能怪谁？要怪就怪上课教师备课的时候没有把"渐近线"放在整个"圆锥曲线单元"乃至整个数学知识系统中去考虑。

初中阶段，学生已经学过"渐近线"了，反比例函数的图象就是双曲线，两坐标轴是它的两条"渐近线"。那么反比例函数的渐近线是怎么得到的呢？它与这节课中渐近线的求法有什么关联？很容易发现，双曲线无限延伸出去，到最后它就近似于两条直线，渐近线可以看成双曲线的极限，渐近线方程就是当双曲线方

程中 x,y 分别趋向于无穷时的极限方程。对于反比例函数 $y=\dfrac{k}{x}$,当 $x\to\infty$ 时, $y\to 0$,因此,$y=0$ 是它的渐近线方程;反之,当 $y\to\infty$ 时,$x\to 0$,$x=0$ 也是它的渐近线方程。高一学的对勾函数 $y=x+\dfrac{1}{x}$,它也有两条渐近线,那么它是否是双曲线? 要解释这个问题,就不得不谈双曲线的第三定义。双曲线的标准方程 $\dfrac{x^2}{a^2}-\dfrac{y^2}{b^2}=1$ 可以变形为 $\left(\dfrac{x}{a}-\dfrac{y}{b}\right)\left(\dfrac{x}{a}+\dfrac{y}{b}\right)=1$,可以看成两个一次式相乘,这两个一次式分别代表两条渐近线的方程,即 $\dfrac{x}{a}-\dfrac{y}{b}=0$,$\dfrac{x}{a}+\dfrac{y}{b}=0$。反过来,两个一次式相乘的方程是否表示双曲线? 答案也是肯定的。上面所讲的这些,我也已经整理成文章《整体单元化设计理念下的"渐近线"教学》。

单元教学理念决定了教学的高度,单元主题决定了教学的方向。"到什么山唱什么歌",如果在备课中能够坚守这个原则,那么这节课想不出彩都难。当然,开展单元教学设计的前提是要明确教学内容到底属于哪个单元。教材就是由现成的单元组成的,可以按照教材提供的单元进行教学设计,比如,前面提到的"两角差的余弦公式"的证明就是放到"三角函数"单元进行设计的。而对于"圆的标准方程"与"双曲线的渐近线"这两节课,光看它们在教材中所属的单元,想要有所突破与创新就很难了,只有跨学段、跨单元综合考量,才会有新的发现。这么说来,单元的确定也并不是那么容易。那么,单元到底有几种组成方式?

我认为,一般有四种方式:一是以数学知识系统为主线组织主题类单元,教材一般是这样来设计单元的;二是以数学思想方法为主线组织方法类单元;三是以数学发展历史为主线组织数学史与数学教育(HPM)类单元;四是以数学核心素养为主线组织素养类单元。除了教材提供的现成的单元外,教师还可以自行设计单元,组织教学内容。关于这个问题,我也写成了文章《数学单元教学设计的四大视角——以"数列"为例》。

对某一节课来说,它可以同时归属于多个单元,这也意味着可以从不同的单元视角进行综合设计,既可以考虑内容本身所处的单元,又可以分析其涉及的思想方法与核心素养,还可以挖掘其蕴含的数学文化,从而发现更多有价值的元素,把这些元素与教学内容进行串联、融合,最终实现教学的创新。

但教学设计的视角一多,教学思路可能就要乱,导致不知道采用哪种视角来上课。这就需要从中选出一个作为"主视角"来统领教学,其他作为"辅助视角",为整堂课点缀增色。

比如"等差数列"这节课,它原本属于"数列"这单元,但数列又是一类特殊的函数,因此,这节课要体现出"函数的思想";同时,数列中蕴含着丰富的数学文化,这节课又要体现出文化的味道。如果选择"数列"为主视角,那么总体就按照教材的思路上课即可,"函数思想"与"数学文化"可以在课堂中有所渗透。如果选择"函数"为主视角,那就不能按照教材上课了,我可能会这样引入:"我们知道数列是一类特殊的函数,那么大家回顾一下,已经学了哪几类函数模型? 最简单的函数模型是什么? 当然是一次函数了。大家思考一下,如果一个数列的通项公式满足一次函数解析式,那么这个数列具有怎样的特点? 你能描述这个数列的特征吗? 给这个数列下个定义,能否按照研究函数的方法去研究数列? 这类数列的单调性如何? ……"

又比如"对数的概念"这节课,教材认为"对数函数是一类刻画现实世界的重要模型",因此舍弃了"对数发现的历史背景",直接以"对数是指数的逆运算"来引出"对数的概念"。如果按照教材的单元视角来上课,"对数的概念"其实没什么好讲的,也无法进行创新。有老师可能会想到把对数相关的历史背景加进去,这其实就是数学文化视角,我在文章《追寻历史的足迹——"对数的概念"教学实录与反思》中讲述的就是基于数学文化视角的上法。有人认为我的这种授课方法存在一个问题,那就是冲淡了教材的单元主题,教材的单元主题是"函数模型",而我的方法显然与这个主题无关。有没有一种折中的办法? 当然有,只要控制好"数学文化"的"度"就行了,也就是说,在教材的基础上加入一点数学文化的元素,而不是另起炉灶,抛开教材。可以改进如下。

"对数的概念"引入依然参照教材,教师不要直接给出对数符号"$\log_a b$",而是借助数学史,引导学生尝试自己创造这个符号。

师:"我们已经学了几个逆运算?"

生:"加与减,乘与除,平方与开方,包括现在的指数与对数。"

师:"每一种运算的发明,都代表着一种新符号的诞生,尤其是逆运算,它们的符号往往比较有意思,比如,$\frac{b}{a}$ 表示除,$\sqrt{a}$ 表示开方。那么这些符号包含了哪些要素?"

"符号一般由两个要素组成：一个代表运算的类型，比如，$\dfrac{\Box}{\Box}$ 表示除的意思，$\sqrt{}$ 表示开方的意思；另一个代表运算的对象，比如 $\dfrac{b}{a}$，表示的是 b 除以 a，$\sqrt{a}$ 表示对 a 进行开方。"

"那么，对数这个符号是否也应该包含两个要素？一个代表对数运算，另一个代表对数运算的对象。而对数的运算对象也应该有两个，即谁是谁的对数。先引进符号 log 表示对数运算，运算的对象有两个，一个是底数，另一个是真数，比如，$\log_2 3$ 表示以 2 为底的 3 的对数。"

学生不认可对数的一个重要原因就是认为对数符号很怪。很多学生在写对数符号时，底数与真数不分，两个数字写得大小一样，像 $\dfrac{\log_2 3}{\log_2 5} = \dfrac{3}{5}$ 之类的低级错误也屡见不鲜，这很大程度上是由于教师直接给出了对数符号，而没有解释符号的具体含义及构成原理，学生没有真正理解符号的意义。借助数学史，改进一下教学细节，就能为本节课的教学增色不少。这样的一种设计理念既尊重了教材，又兼顾了数学文化，一举两得。

一般认为，理性地揭示蕴藏着的数学规律为"发现"，而独辟蹊径地创造出一种数学模式或者理论为"发明"。多数情况下，学生的数学学习都是在已有理论基础上进行完善，即"发现"，少数情况下需要"发明"，比如上面提到的"对数"对学生来说就是一种"发明"，之前他们从来没有接触过的"向量"，也算是一种"发明"。在单元教学设计中，"发明"与"发现"的教学思路有所差异，我在文章《基于"发明"观点的数学概念教学——以"数系扩充与复数"为例》中进行了阐述。数学教学就是让学生经历数学"发现"与"发明"的过程，而不是直接把结论、公式、定理告诉学生。之所以大费周章地进行单元教学设计，其目的就是为数学"发现"与"发明"提供更加广阔的空间与更加多样化的视角。

相关论文

求精、求新、求同、求实①

——高中数学人教 A 版新教材"三角函数"章节亮点分析

　　高中数学人教 A 版新教材已于 2019 年下半年在部分省市试用,按照主编章建跃的说法,本次新教材是"核心素养导向的高中数学教材变革,充分体现了整体性、过程性、联系性、选择性、融合性、实践性的优点"。笔者研读了新教材的必修第一册与必修第二册,发现新教材在总体布局与细节处理上弥补了旧教材的很多不足,亮点颇多。下面笔者就针对"三角函数"内容,谈谈新教材的"求精、求新、求同、求实"这四大亮点。

一、求精:优化整合教学内容,凸显核心主题

　　高中数学旧教材存在知识逻辑混乱、结构不够严密、内容不够连贯等弊病。新教材通过"一删、二移、三连通"的做法,从知识系统的高度确立了三角函数的整体架构,避免了知识的碎片化,从而实现了单元教学内容的精选,凸显了"函数"大单元下的"三角函数"这一核心主题。

　　首先,新教材出人意料地删去了"三角函数线"这部分内容。"三角函数线"一直作为解决三角函数问题的有力工具而存在,其优点在于能够把"三角函数的值"通过"有向线段"加以直观呈现,提供了用几何视角研究三角函数性质的新思路。把这部分内容彻底删去可能基于两个方面的考量。一是"投入"与"产出"是

---

　　① 本文发表于《中小学课堂教学研究》2020 年第 8 期。

否划算。从多年的教学反馈来看，很多学生对于"三角函数线"方向的认识存在比较大的思维障碍，尤其是正切线，学生更难以接受，要真正理解并掌握"三角函数线"，需要花费较多的精力与时间。二是被取代的可能性。"三角函数线"实质上是单位圆模型的一种几何表征，舍弃"三角函数线"，直接借助单位圆模型，利用任意角的三角函数的定义，也同样能够直观地获得三角函数的相关性质，也同样能够画三角函数的图象。因此，舍弃"三角函数线"利大于弊。

其次，新教材把"解三角形"这部分内容移到"平面向量"中，也就是说，"解三角形"不再属于"三角函数"模块。这似乎有点匪夷所思，但这恰恰说明了新教材尊重数学史实。从数学发展史看，三角学与任意角的三角函数并不是一回事，三角学源于天文学，后来主要用于平面三角的测量、测绘工作，于是就有了解三角形的问题；任意角的三角函数的诞生主要是为了研究圆周运动，是刻画周期现象的一种函数模型。当然，三角学中也定义了三角函数，但仅仅局限于锐角三角形，而任意角的三角函数也不是锐角三角函数的简单推广。因此，把"解三角形"从"三角函数"中割离，是一种正本清源的行为，有助于凸显三角函数的本质。"解三角形"融入"平面向量"中也是合理的：一是正弦定理、余弦定理可以借助平面向量实现简单推导与证明；二是平面向量可以作为解三角形的工具；三是可以充分彰显平面向量沟通几何、代数、三角的桥梁作用。

最后，新教材把"三角恒等变换"拉回了"三角函数"，实现了三角函数知识系统的上下连通。旧教材把"三角恒等变换"放在"平面向量"之后，不可否认，学习平面向量确实有助于"两角差的余弦公式"的推导与理解，有助于凸显平面向量的工具作用，却割断了"三角恒等变换"与"三角函数"的联系，阻碍了学生对三角函数的连续性认知。

二、求新：立足匀速圆周运动，发展核心素养

本次教材的变革是以核心素养为导向的一次创新，教材的编写过程其实就是围绕如何落实数学核心素养进行创新思考的过程。对于"三角函数"一章而言，其最主要的任务就是发展学生的数学建模核心素养，新教材采取的策略是"立足匀速圆周运动"，铺设从"现实情境"到"三角函数的定义、图象、性质、公式"的建模之路。

例如,锐角三角函数与任意角的三角函数是两回事,既不能把任意角的三角函数看成锐角三角函数的推广(或一般化),又不能把锐角三角函数看成任意角的三角函数在锐角范围内的"限定"。但旧教材还是摆脱不了"锐角三角函数"的控制,三角函数一章的开头就直言"我们已经学习过锐角三角函数,知道它们都是以锐角为自变量,以比值为函数值,你能用直角坐标系中角的终边上的点的坐标来表示锐角三角函数吗?"这样的说辞容易让学生误认为"任意角的三角函数是锐角三角函数的推广"。虽然旧教材最后是利用单位圆来定义任意角的三角函数的,但还是借助了锐角三角函数的概念,并且没有对单位圆可以定义任意角的三角函数的合理性、科学性进行明确表述,依旧是一笔"糊涂账"。由于受到锐角三角函数的影响,学生在相当长的时间内对于三角函数值出现"负数"的情况无法理解,在求特殊角的三角函数值时还是要作直角三角形。既然锐角三角函数会产生如此严重的"副作用",那就尽量避开其相关内容。人教 A 版新教材选择直接利用单位圆模型来建构任意角的三角函数。如图 1,单位圆 O 上的点 P 以 A 为起点逆时针旋转,建立一个数学模型,刻画点 P 的位置变化情况,通过对点 P 的运动位置的刻画,来探究"角"与"点 P 的坐标"之间的对应关系,从而让学生自然获得任意角的三角函数的定义,并且学生也容易理解"终边所在的象限决定三角函数值的正负"这一基本性质。

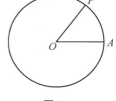

图 1

函数 $y=A\sin(\omega x+\varphi)$ 图象的变换历来是教学的难点,尤其是当"伸缩变换"与"平移变换"搅在一起的时候,更是难上加难。旧教材利用计算机作图来发现函数 $y=A\sin(\omega x+\varphi)$ 各参数对图象的影响,然后通过比较变换前与变换后图象的位置关系来总结图象变换的规律。这样的方式虽然高效直观,但没有从数学原理上对变换规律进行科学解释,导致学生只能死记变换规律。人教 A 版新教材则借助三角函数的生活原型——筒车来呈现。"假定在水流量稳定的情况下,筒车上的每一个盛水筒都做匀速圆周运动。你能用一个合适的函数模型来刻画盛水筒(视为质点)距离水面的相对高度与时间的关系吗?"首先回归任意角的三角函数的定义,获得筒车运动的函数模型 $y=A\sin(\omega x+\varphi)$,然后结合筒车的运动规律来理解函数 $y=A\sin(\omega x+\varphi)$ 各个参数对筒车运动的影响,从而为函数 $y=A\sin(\omega x+\varphi)$ 的图象变换找到一个可以用来解释的实物模型,使得"伸缩变换"与"平移变换"都与筒车的一种运动状态相对应,促进了学生对三角函数图象变换本质的理解。

三、求同：抛弃方法的多样性，避免干扰本质

"三角恒等变换"涉及的公式有多个，但最重要的是"两角差的余弦公式"，它也被称为"三角恒等变换"的"母公式"，这个公式的推导与证明，是"三角恒等变换"这部分内容的重点与难点。旧教材提供了两种推导方法。

一是"几何构造法"：在单位圆中构造如图 2 所示的直角三角形，利用割、补的方法，

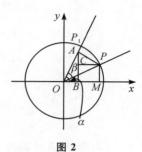

得 $OM = OB + BM = OB + CP = OA\cos\alpha + AP\sin\alpha = \cos\beta\cos\alpha + \sin\beta\sin\alpha = \cos(\alpha - \beta)$。

二是"向量法"：设 α, β 的终边与单位圆的交点分别为 $A(\cos\alpha, \sin\alpha)$，$B(\cos\beta, \sin\beta)$，

则 $\overrightarrow{OA} \cdot \overrightarrow{OB} = \cos(\alpha - \beta) = \cos\alpha\cos\beta + \sin\alpha\sin\beta$。

图 2

这两种方法给一线教师带来了不少"纠结"：几何构造法作图复杂，学生难以想到，证明公式需要花费太多时间；向量法虽然简单，但似乎与三角函数没什么本质上的联系，如果用向量法证明公式，势必会冲淡教学的主题；这两种方法都不能说明"对任意角成立"，还需要进一步推广论证，因此证明方法的选择陷入两难境地。

人教 A 版新教材抛弃了对方法多样性的追求，直接回归"两角差的余弦公式"的本质。我们知道，诱导公式是借助圆的对称性来推导的，例如，角 $\pi + \alpha$ 的终边与角 α 的终边关于原点对称，由任意角的三角函数定义得到：

$$\sin(\pi + \alpha) = -\sin\alpha, \cos(\pi + \alpha) = -\cos\alpha, \tan(\pi + \alpha) = \tan\alpha。$$

三角函数的诱导公式本质上是圆的对称性的体现，或者说是圆的对称性的"三角表征"。

"两角差的余弦公式"也反映了圆的对称性，只不过它的对称性没有诱导公式表现得那么特殊。如图 3，因为 $\dfrac{\alpha - \beta + \beta}{2} = \dfrac{\alpha}{2}$，所以 $\alpha - \beta$ 的终边与 β 的终边

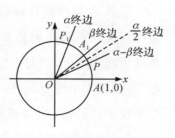

关于 $\dfrac{\alpha}{2}$ 的终边对称，由 $AP = A_1P_1$，可得 $\cos(\alpha - \beta) = $

图 3

$\cos\alpha\cos\beta+\sin\alpha\sin\beta$。

不仅如此，人教 A 版新教材在"三角函数习题—拓广探索"部分，要求利用单位圆证明"和差化积公式"：如图 4，你能利用所给图形，证明下列两个等式吗？

$$\frac{1}{2}(\sin\alpha+\sin\beta)=\sin\frac{\alpha+\beta}{2}\cos\frac{\alpha-\beta}{2},\ \frac{1}{2}(\cos\alpha+\cos\beta)=\cos\frac{\alpha+\beta}{2}\cos\frac{\alpha-\beta}{2}。$$

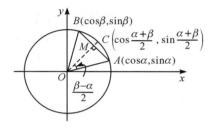

图 4

根据圆的对称性，发现 $\frac{1}{2}(\overrightarrow{OA}+\overrightarrow{OB})=\lambda\overrightarrow{OC}$，则 $\frac{1}{2}|\overrightarrow{OA}+\overrightarrow{OB}|=\lambda|\overrightarrow{OC}|=\lambda$，

即 $4\lambda^2=\overrightarrow{OA}^2+\overrightarrow{OB}^2+2\overrightarrow{OA}\cdot\overrightarrow{OB}=2+2\cos(\alpha-\beta)$，

得 $\lambda=\sqrt{\dfrac{1+\cos(\alpha-\beta)}{2}}=\cos\dfrac{\alpha-\beta}{2}$，

则 $\frac{1}{2}(\overrightarrow{OA}+\overrightarrow{OB})=\cos\dfrac{\alpha-\beta}{2}\overrightarrow{OC}$，代入点的坐标就可以得到待证的公式。

既然三角函数被称为"圆函数"，那么三角函数的性质及相关公式都应该是"圆"的性质的表征，都可以借助单位圆来进行推导证明。因此，没必要刻意追求方法的多样性，以免干扰学生对三角函数本质的理解，这就是新教材表达的观点。

四、求实：尊重生活现实真相，凸显问题严密

人教 A 版新教材特别强调了以学生熟悉的生活现实为素材创设问题情境，这不仅体现在三角函数的教学引入环节，更集中体现在"三角函数的应用"中。在这节内容中，旧教材设置了"画 $y=|\sin x|$ 的图象""太阳高度角问题""潮汐问题"等问题。由于"画 $y=|\sin x|$ 的图象"应用属性不强，"太阳高度角问题"对学生来说太过陌生，难以理解，因此，新教材只保留了"温差问题"与"潮汐问题"。但同样的"潮汐问题"，新教材在问题的表述与数据的设置上更加严密，更加符合

现实。比如"潮汐问题"："海水受日月的引力，在一定的时候发生涨落的现象叫潮。一般地，早潮叫潮，晚潮叫汐。在通常情况下，船在涨潮时驶进航道，靠近码头；卸货后，在落潮时返回海洋。表××是某港口某天的时刻与水深关系的预报。"新教材的表述是"某天"，旧教材则是"每天"，虽然只是一字之差，但旧教材的表述却与事实真相不符。因为，潮汐是在月球和太阳引力共同作用下形成的海水周期性涨落现象，而太阳、月球和地球的相对位置是变化的，导致每天涨潮和落潮的时间不一样，每天涨落潮的时间要比前一天推迟一些，每半个月轮回一次。原来的表述对于没有在海边生活过的学生来说是一种误导，因此新教材进行了纠正。

人教 A 版新教材本着"求精、求新、求同、求实"的精神，对高中数学教材进行了系统性变革，纠正了课程结构不够严谨、内容顺序不合逻辑、知识衔接不够连贯等弊病，按照"四条主线"对高中数学知识进行重新串联、整合、重构，形成了新的主题单元，为落实数学核心素养、实现数学育人目标奠定了基础。

基于整体单元化设计理念的高中数学教学①

——以"圆的标准方程"一课为例

笔者最近参加省疑难问题解决研讨活动,现场观摩了一堂公开课——"圆的标准方程"。

一、教学过程简介

1. 教学引入

展示 G20 第十一次峰会的会标,如图 1。

图 1

问题 1:会标由圆和很多优美的曲线构成,那么如何刻画这些曲线呢?

意图:回顾方程与曲线的关系,体现解析几何的核心思想——用代数方法解决几何问题。

引例:已知 $\triangle ABC$ 的三个顶点坐标分别是 $A(5,1),B(7,-3),C(2,8)$,则点 $M(-\sqrt{5},-1)$ 是否在 $\triangle ABC$ 的外接圆上?

意图:激发学生的求知欲,引发对求圆的方程的思考。

① 本文发表于《中小学数学》2017 年第 3 期。

2.概念生成

问题 2：圆是如何定义的？

意图：以初中的定义为基础，运用集合语言，提炼圆的标准定义。

问题 3：以 (a,b) 为圆心，以 r 为半径的圆的方程如何求？

意图：运用求曲线方程的一般方法，引导学生自主推导圆的标准方程，并且进一步明确方程的结构特征。

3.练习应用

例 1 （1）圆心为 $A(-2,3)$，半径为 5 的圆的方程为_____，此圆关于原点对称的圆的方程为_____；

（2）圆 $(x+3)^2+(y-1)^2=5$ 上的点到原点的最大距离为_____。

例 2 引例问题（见教学引入部分）

解析：此题有两个思考角度。一是设圆的标准方程，把三个点的坐标代入标准方程，通过解方程组求出圆心坐标与半径长；二是利用圆的几何性质求圆心，先求出直线 AB 与 AC 的中垂线，然后求交点，交点便是圆心。

意图：进一步明确圆的标准方程中特征量的作用，圆心定位置，半径定大小，求圆的标准方程的关键是求圆心与半径。同时，渗透方程思想与数形结合思想，强调几何意义对于求曲线方程的重要作用。

4.合作探究

圆的第二定义：到平面上两定点的距离之比为常数 k（k 不等于1）的点的集合。

问题 4：你能证明这个结论吗？

意图：进一步体验求曲线方程的一般思想方法，拓宽学生的知识视野。

5.课堂练习（略）

点评：纵观本节课，不仅平淡无奇，而且作为"概念课"，概念生成时间不足10分钟，多数时间都在练习中度过，"习题课"倾向明显。作为省级公开课，显然无法给听课者带来预期的启发与收获。

这节课的两个特点决定了它很难有新意：一是教学要求低，教材内容编排过于简单；二是"新课"不"新"，初中阶段，学生已经对圆的定义、几何性质进行了比较详细的研究。但"难"并不意味着"不能",关键取决于教师备课的高度,若教师拘泥于具体内容而"就课论课","只见树木,不见森林",那么就很难打开教学思路。

二、"整体化"教学分析

数学知识间相互联系,具有很强的整体性与连续性。因此,教师在进行教学分析时,不能简单停留在对某节课教材文本的解读上,而是要站在知识系统的高度,开展"整体化"教学分析。具体而言,就是站在章节、模块甚至是数学课程的高度去认识教学内容,全面整合教材,连贯地理解目标,突出学科知识的系统性和教学的方向性,从而形成有生命、有灵魂的"整体的知识"。

1.把握认知整体,明确教学重点

学生对于数学概念与思想的理解往往需要经历一个不断往复、螺旋上升的过程。教材的编写也体现了这样的思想,它根据学生的认知水平和数学能力发展,把数学知识有计划、分阶段地落实在各个学段。因此,应把握初高中的衔接,了解哪些知识学生已经掌握了,哪些知识还没有掌握,明确教学重点,从而有效地避免"重复讲解"和"知识断层"的现象。在本节课中,对"圆"的初高中衔接内容进行分析,如表1。

表1　初高中圆的知识衔接分析

圆的知识	学段		说明
	初中	高中	
定义	在一个平面内,线段 OA 绕它固定的一个端点 O 旋转一周,另一个端点 A 所形成的图形叫作圆。	平面内到定点的距离等于定长的点的集合。	定义视角不同,但本质一致,学生容易把初中的定义迁移到高中。
性质	圆的对称性 垂径定理 弧长与圆周角、圆心角的关系 三角形的外接圆与内切圆 圆的割线与切线 …	没有新增性质	初中学习了圆的所有几何性质,本节课可以借助圆的几何性质对圆的方程展开进一步探讨。
方程	没有提出	标准方程 一般方程	本节课要强调方程与曲线的关系。
数学思想	平面几何证明(演绎法)	代数方法解决几何问题(坐标法)	本节课要突出解析几何的核心思想。

通过上述分析可知，本节课的教学重点应放在圆的标准方程的推导上，同时要凸显解析几何的核心思想，而圆的性质与方程的联系可以作为本节课的思维生长点，对其展开进一步探究。

2. 把握知识整体，优化重组内容

当前高中数学教材严格遵循模块化、章节化的编排体系，对于相似模块，不论是设计风格还是内容体系都基本保持一致。因此，教师在备课时不要把教学内容碎片化地当作知识点来处置，而应根据知识模块的整体编写特点，对教学内容进行重组与优化，融入教师的创造性思考。

在本节课中，我们可以对"圆"的教材（人教 A 版新教材）编写进行模块化分析，如表 2。

表 2　圆的定义模块化分析

知识要点	解析几何模块		
	直线的方程	承前←圆→启后	圆锥曲线
定义	属于基本几何概念，没有严格的定义。学生根据生活经验与直观想象感受直线的特征。	由初中的几何定义直接迁移得到，相比圆锥曲线，圆的定义的获得比较容易。 思考1：圆是否存在其他定义？ 思考2：能否联系圆的基本性质，给出圆的其他定义？	1. 在动手操作中发现定义。比如，通过作图发现椭圆的定义。 2. 除了各曲线本身的定义外，在教材的例题中还介绍了圆锥曲线的统一定义。
方程推导	有了初中一次函数知识的铺垫，直接利用直线的几何要素"斜率"与"点"写出方程。	确定圆心位置与半径大小，根据定义直接写出方程，相比圆锥曲线，不用特意考虑坐标系的选取。 思考1：在推导方程时能否关注坐标系对方程结构的影响？ 思考2：能否建立方程与定义的联系？	1. 由定义列出代数式。 2. 合理建系，使方程更加简洁。 3. 圆锥曲线的标准方程是二元二次方程，并且具有对称性，可以从方程中发现曲线的几何属性。

通过上述分析，"圆的定义"可以重组，获得多种形式的定义是一个值得思考的方向，由此实现"圆的定义"与"圆锥曲线的定义"的完美对接；"建系"可以优化，通过强调建系的合理性，凸显坐标系对曲线方程的影响。

三、"单元化"教学设计

通过"整体化"教学分析,教材中相关内容得到统筹重组和优化,我们就可以将优化后的教学内容视为一个相对独立的教学单元进行"单元化"教学设计。所谓的"单元化"教学设计,就是在整体化思想的统领下,从单元教学的整体目标出发,统揽全局,将教学活动的每一步、每一个环节都放到教学活动的大系统中考量,突出教学内容的主线以及知识间的关联性,而不是片面地突出或者强调某一点。在单元教学设计中,一般可以从三个方面构建教学主线:一是以重要的数学概念或核心数学知识为主线;二是以数学思想方法为主线;三是以数学核心素养、基本能力为主线。

本节课以"探索圆的多种定义"为主线展开教学,如图2。

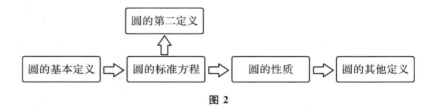

图 2

在利用圆的基本定义推导出圆的标准方程$(x-a)^2+(y-b)^2=r^2$后,教师不必急于进行例题训练,而是要引导学生联系圆的性质,思考圆是否还有其他形式的定义。比如,利用弧长与圆周角的关系,可以得到以下两个定义。

定义 1:平面上以定线段为斜边的直角三角形的直角顶点的轨迹。

变式 1:平面上与两定点连线的斜率之积为一1的点的轨迹。

变式 2:平面上与两定点连线所成的向量的数量积为零的点的轨迹。

定义 2:平面上与两定点连线所成角为定值(90°)的点的轨迹。

尽管由定义1与定义2得到的曲线并非整个圆(除去两点),但有利于建立圆的定义与性质的联系,有利于圆的概念的内化,同时可以向学生传递"曲线的定义并非唯一"的信息,有助于后续圆锥曲线的学习。

接下去就是根据上述定义求方程。一般有两种思考角度:一是类比圆的标准定义,根据它们的等价性,直接套用圆的标准方程,这样有利于在应用中体会圆的标准方程的结构特征;二是通过建系、设点、化简等过程,完整地体验求一般曲线方程的步骤，这就涉及"坐标系的选取"问题，从中可以充分感受到坐标系对曲线方程的影响，从而渗透"合理建系"的思想，同时也有助于后续圆锥曲线的学习。

在圆的其他定义中，最具应用价值的要数"圆的第二定义"（又称阿波罗尼斯圆）。但在上述课例中，教师直接以例题的形式呈现给学生，显然无法体现定义应有的地位，正确的做法应该是让学生在观察中自然发现，在思考中主动构建。

在圆的标准方程的推导中，方程 $\sqrt{(x-a)^2+(y-b)^2}=r$ 的左边表示动点到定点的距离，右边是常数 r。

那么我们不妨思考：常数 r 能否也用"动点到定点"来替换？比如，$r=\sqrt{(x-c)^2+(y-d)^2}$，这样就得到了 $\sqrt{(x-a)^2+(y-b)^2}=\sqrt{(x-c)^2+(y-d)^2}$，化简后发现这个方程无法表示圆，因为所有的二次项全部被消去了。

如果在方程的一边加上一个常数 k 呢？

得到 $\sqrt{(x-a)^2+(y-b)^2}=k\sqrt{(x-c)^2+(y-d)^2}$，只要 $k\neq1$，那么化简后方程还是表示圆。

把方程简单变形，就得到 $\dfrac{\sqrt{(x-a)^2+(y-b)^2}}{\sqrt{(x-c)^2+(y-d)^2}}=k$，分析方程的几何意义，自然得到圆的第二定义：到平面上两定点的距离之比为常数 k（k 不等于 1）的点的集合。

在求曲线方程时，通常根据定义求方程，利用的是"以形求式"思想，而上面采用的则是逆向思维，即"以式找形"，通过分析方程结构，提炼曲线的定义。这两种思想就是"数形结合"思想的一种表征，是解析几何中重要的数学思想。

上述教学设计最大的优点是充分兼顾了知识的前后联系，整体把握解析几何教学总体设计思想，同时把例题分析、应用练习等环节有机融合在求曲线方程的过程中，每一个步骤都给学生以全新的感受，避免了新课"习题化"倾向。

整体化单元教学设计促使教师高瞻远瞩，即"在大森林的体系下审视每棵树"，在实现教学目标的同时，使教学过程前后呼应、层层相依、逻辑分明，给人耳目一新的感觉。

整体单元化设计理念下的"渐近线"教学[①]

我县数学优质课比赛其中一节课的主题是"双曲线的渐近线"。笔者全程观摩了八位教师的课,他们基本上沿袭了"定义＋应用"的教学套路,如图1。

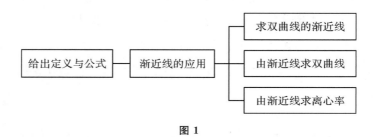

图 1

一、教学过程简介

下面是其中一位教师的上课过程。

1.给出定义与公式

问题 1:双曲线的开口大小由什么决定?

通过作图,发现两条相交直线的开口大小决定了双曲线的开口大小,由此给出渐近线的定义与公式。

问题 2:如何证明渐近线与双曲线"无限接近,永不相交"?

主要有两种方法:一是渐近线方程与双曲线方程作差后求极限;二是对双曲线上的点到渐近线的距离取极限。

---

① 本文发表于《中学数学》2017 年第 17 期。

2.渐近线的应用

例 1 通过求下列双曲线的渐近线,你能得到什么启发?

(1)$16x^2-9y^2=144$;

(2)$16x^2-9y^2=-144$;

(3)$16x^2-9y^2=1$。

意图:通过求双曲线的渐近线,获得求渐近线方程的快捷方法,即 $\frac{x^2}{a^2}-\frac{y^2}{b^2}=\lambda$

($\lambda\neq0$)$\Rightarrow\frac{x^2}{a^2}-\frac{y^2}{b^2}=0\Rightarrow y=\pm\frac{b}{a}x$,从而使学生摆脱对渐近线公式的机械记忆。

例 2 若双曲线的渐近线方程为 $y=\pm3x$,求满足下列条件的双曲线方程。

(1)一个焦点是($\sqrt{10}$,0);

(2)过点(1,$\sqrt{5}$)。

意图:利用双曲线方程与渐近线的关系,快速获得双曲线的方程。由 $y=\pm3x$,可设双曲线方程为 $y^2-9x^2=\lambda(\lambda\neq0)$。

例 3 设双曲线的一个焦点为 F,虚轴的一个端点为 B,如果直线 FB 与双曲线的一条渐近线垂直,那么双曲线的离心率为 （　　）

A.$\sqrt{2}$　　　　B.$\sqrt{3}$　　　　C.$\frac{\sqrt{3}+1}{2}$　　　　D.$\frac{\sqrt{5}+1}{2}$

例 4 设双曲线 $\frac{x^2}{a^2}-\frac{y^2}{b^2}=1(a>0,b>0)$的右焦点为 F,右准线 l 与两条渐近线交于 P,Q 两点,如果 $\triangle PQF$ 是直角三角形,则双曲线的离心率 e=_____。

例 5 已知双曲线 $\frac{x^2}{a^2}-\frac{y^2}{b^2}=1(a>0,b>0)$的左、右焦点分别为 F_1,F_2,渐近线分别为 l_1,l_2,点 P 在第一象限内且在 l_2 上,若 $l_2\perp PF_2$,$l_1\parallel PF_2$,则双曲线的离心率是_____。

意图:明确渐近线方程与双曲线方程之间的关系,能够应用渐近线的性质求离心率。

点评:单纯从"双曲线的几何性质"这节内容来看,上述教学设计是比较合理的,比如,"会求双曲线的渐近线"的教学目标得到了很好落实,"渐近线与双曲线的初步联系"得到很好揭示。但仔细琢磨后发现,还有几个重要的问题没有得到解决,比如,渐近线作为双曲线特有的几何要素,与双曲线到底有什么内在联系?我们知道,反比例函数的图象是双曲线,它的渐近线与双曲线标准方程的渐近线在求法上是否一致?还有一些函数的图象也有渐近线,例如对勾函数,它跟双曲线有什么关系?这些问题若能得到回答,不仅能够充实本节课的教学内容,还有助于学生理解渐近线的本质。

要对"渐近线"进行诠释,显然不能拘泥于"双曲线的几何性质"这一节课,而是要站在"圆锥曲线"整章甚至"解析几何"模块的高度,根据章或模块中不同知识点的需要,综合利用各种教学形式和教学策略,通过系统学习,让学生获得对"渐近线"的完整认知,这就是"整体单元化教学设计"。

二、整体化教学分析

数学知识间相互联系,具有很强的整体性与连续性,教师在进行教学分析时,不能简单停留在对某节课教材文本的解读上,而是要站在知识系统的高度,开展整体化教学分析。具体而言,就是站在节、章、模块甚至数学课程的高度去认识教学内容,全面地整合教材,连贯地理解目标,突出学科知识的系统性和教学的方向性。

1. 渐近线求解原理的揭示

由渐近线定义中的"无限接近,永不相交",我们可以获得求渐近线的基本原理——"极限思想"。

双曲线的标准方程 $\frac{x^2}{a^2} - \frac{y^2}{b^2} = 1 (a>0, b>0)$ 可变形为 $\frac{x^2}{a^2} = \frac{y^2}{b^2} + 1$,当 x, y 趋向于无穷大时,常数 1 就可以忽略不计,方程就变为 $\frac{x^2}{a^2} = \frac{y^2}{b^2}$,即得到渐近线的方程 $y = \pm \frac{b}{a} x$。

不仅如此,对于双曲线方程 $\frac{x^2}{a^2} - \frac{y^2}{b^2} = \lambda (\lambda \neq 0)$,当 x, y 趋向于无穷大时,常数

λ 也可以忽略不计，渐近线方程还是 $\dfrac{x^2}{a^2}=\dfrac{y^2}{b^2}$。

这种求渐近线的思想可以推广到一般函数。

比如，对于反比例函数 $y=\dfrac{1}{x}$，当 x 趋向于无穷大时，$\dfrac{1}{x}$ 趋向于 0，函数图象就接近直线 $y=0$，即 x 轴；当 x 趋向于 0 时，$\dfrac{1}{x}$ 趋向于无穷大，即 y 趋向于无穷大，函数图象接近直线 $x=0$，即 y 轴。所以 $y=\dfrac{1}{x}$ 的渐近线是 x 轴与 y 轴。

对于对勾函数 $y=ax+\dfrac{b}{x}(a>0,b>0)$，当 x 趋向于无穷大时，$\dfrac{b}{x}$ 趋向于 0，图象就接近直线 $y=ax$；当 x 趋向于 0 时，ax 趋向于 0，$\dfrac{b}{x}$ 趋向于无穷大，即 y 的值趋向于无穷大，那么直线 $y=ax$ 和 y 轴就是它的渐近线.

对于更加复杂的函数 $y=\dfrac{ax^3+bx^2+c}{x^2}$，先变形为 $y=ax+b+\dfrac{c}{x^2}$，当 x 趋向于无穷大时，其图象趋向于直线 $y=ax+b$；当 x 趋向于 0 时，其图象趋向于 y 轴，则此类函数的渐近线为直线 $y=ax+b$ 与 y 轴。

利用这种思想，还可以求分式型函数的渐近线。

通过求渐近线，学生不仅学会了求解的技巧，更重要的是掌握了数学基本原理。

2.对双曲线的再认知

我们知道，圆锥曲线具有类似的定义、方程结构和几何性质，唯独双曲线具有渐近线。渐近线的开口大小决定了双曲线的开口大小，渐近线与双曲线似乎存在着某种更为深刻的联系。

双曲线的标准方程 $\dfrac{x^2}{a^2}-\dfrac{y^2}{b^2}=1$ 可以变形为 $\left(\dfrac{x}{a}-\dfrac{y}{b}\right)\left(\dfrac{x}{a}+\dfrac{y}{b}\right)=1$，可以看成两个一次式相乘而得到。我们自然想到了直线方程 $\dfrac{x}{a}-\dfrac{y}{b}=0,\dfrac{x}{a}+\dfrac{y}{b}=0$，这不就是双曲线的渐近线方程吗？下面我们要找到双曲线方程与渐近线方程之间的几何关系。

继续变形得 $(bx-ay)(bx+ay)=a^2b^2\Rightarrow\dfrac{bx-ay}{\sqrt{a^2+b^2}}\cdot\dfrac{bx+ay}{\sqrt{a^2+b^2}}=\dfrac{a^2b^2}{a^2+b^2}$。如

果把式子的左边看成点到直线的距离,那么式子的含义就是点到两条渐近线的距离之积为一个常数。于是,我们获得了双曲线的一个重要性质:双曲线上的点到两条渐近线的距离之积为常数。这个性质是双曲线特有的。反过来,我们可以利用这个性质给出双曲线定义的另一种形式。

双曲线的第三定义:到两条相交直线的"距离"之积为定值的点的轨迹是双曲线。

其中,两条相交直线就是双曲线的渐近线。

当然,这里的"距离"$\dfrac{bx-ay}{\sqrt{a^2+b^2}}$与$\dfrac{bx+ay}{\sqrt{a^2+b^2}}$的分子少了绝对值符号,不妨把它们称为"有向距离"。下面证明这一结论。

设两条相交直线方程为$bx\pm ay=0$,有向距离之积为k,当然k不等于0,

则有$\dfrac{bx-ay}{\sqrt{a^2+b^2}}\cdot\dfrac{bx+ay}{\sqrt{a^2+b^2}}=\dfrac{b^2x^2-a^2y^2}{a^2+b^2}=k$,

化简得$\dfrac{b^2}{(a^2+b^2)k}x^2-\dfrac{a^2}{(a^2+b^2)k}y^2=1$,

显然所求点的轨迹为双曲线。

由定义出发,很容易得到下面的推论。

推论:以两条相交直线$A_1x+B_1y+C_1=0$,$A_2x+B_2y+C_2=0$为渐近线的双曲线方程为$(A_1x+B_1y+C_1)(A_2x+B_2y+C_2)=k(k\neq0)$。

反之,曲线方程$(A_1x+B_1y+C_1)(A_2x+B_2y+C_2)=k(k\neq0)$表示以直线$A_1x+B_1y+C_1=0$,$A_2x+B_2y+C_2=0$为渐近线的双曲线。

借助定义与推论,我们可以判断曲线是否为双曲线。

比如,反比例函数$y=\dfrac{1}{x}\Rightarrow xy=1$,该形式由两条相交直线$x=0$与$y=0$相乘得到,因此它表示双曲线,直线$x=0$与$y=0$是它的渐近线。

对勾函数$y=ax+\dfrac{b}{x}(a>0,b>0)\Rightarrow yx-ax^2=b\Rightarrow x(y-ax)=b$,该形式由两条相交直线$x=0$与$y=ax$相乘得到,它也表示双曲线,直线$x=0$与$y=ax$是它的渐近线。

更加复杂的曲线$x^2+xy-2y^2+3y-4=0\Rightarrow(x+2y-1)(x-y+1)=3$,它表示以直线$x+2y-1=0$,$x-y+1=0$为渐近线的双曲线。

三、单元化教学设计

通过整体化教学分析，教材相关内容得到统筹规划和优化重组，我们就可以将优化后的教学内容视为一个相对独立的教学单元进行单元化教学设计，如图 2。

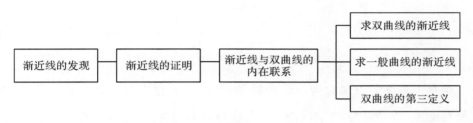

图 2

这样设计的好处是从单元教学的整体目标出发，统揽全局，将教学活动的每一步、每一个环节都放到教学活动的大系统中考量，突出教学内容的主线以及知识间的关联性，而不是片面地突出或者强调某一点。以这节课为例，学生不仅能从中获得求解渐近线的一般方法，更为重要的是能掌握如何判定一条曲线为双曲线的方法。这样就建立起了"圆锥曲线"与"函数"之间的联系，实现了数学知识的融会贯通。

事物的联系不仅是客观的、普遍的，而且是辩证的，联系形式具有多样性和可变性，对任何过程的分析都应因时、因地、因势，根据具体事物的实际联系，进行具体的分析。整体单元化设计就是普遍联系的哲学观点在数学教学中的具体应用。它的价值在于从更高的视角对数学教学中的各要素进行系统的综合考量，使其产生整体效益，从而避免纠缠于细枝末节，让教师的授课更加胸有成竹、游刃有余。

数学单元教学设计的四大视角①

——以"数列"为例

相对于传统的以课时为单位的教学设计,单元教学设计具有构建完整知识链条与体系、撬动课堂教学转型、促使核心素养目标达成的优势。在实际操作中,单元教学设计虽然以教材为基础,但决定其成败的关键是能否将散布在教材中"具有关联性"的知识点进行串联、整合、重构,并形成相对完整的教学单元,从而实现单元教学的"上接下联"作用,即贯通上位学科核心素养与下位课时教学目标的承上启下作用。下面笔者以"数列"为例,谈谈对此的看法。

一、以数学知识系统为主线组织主题类单元

数学教材以知识系统为主线来组织教学内容,分为函数模块、数列模块、解析几何模块等,这样做的一个好处就是在遵循学科自身逻辑特点的基础上为学生提供相对完整的数学认知。既然教材中的单元已经存在,那为什么还要设计主题类单元呢?首先,教材内容的组织方式不可能做到尽善尽美,不可能兼顾所有的学生,需要根据实际情况进行调整;其次,很多原本属于同一知识体系的内容,跨章节、跨模块散布在教材中,需要进行重新整合,比如,"三角函数"内容在人教 A 版旧教材的必修 4 中占大部分,但在必修 5 中也有分布;"概率统计"内容则从必修 3 跨越到了选修 2-3。因此,立足知识系统,以鲜明的主题将教材中相关联的内容重新串联,形成新的教学单元,是数学单元教学设计的一个方向。

主题类单元通常表现为线串式,我们可以称其为线串式单元,它呈现出一种

---

① 本文发表于《中学教研》2021 年第 1 期。

递进的关系，可以前后依次展开。教材中"数列"单元就是按照"数列的概念—特殊数列模型（等差数列、等比数列）"线串式展开，如图1。

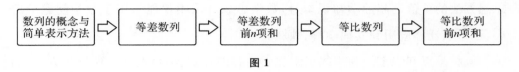

图 1

这样的单元设计看似逻辑清晰，但恰恰忽视了知识之间的联系，比如，等差数列与等比数列有什么联系？通项公式与求和公式有什么联系？数列与函数有什么联系？我们无法从教材单元中直接找到答案。很多学生面对"已知数列前 n 项和求数列通项公式""已知递推公式求数列通项公式"的问题感到束手无策，这与教材数列单元设计的缺陷有一定关系。

为了弥补上述缺陷，"数列"主题单元可以设计如图 2。本单元由四部分内容组成，第一步部分内容不仅让学生了解一般数列的概念，还通过具体的实例让学生知道特殊数列的概念，比如等差数列、等比数列；第二部分内容先介绍归纳法的基本操作要领，然后借助归纳法求等差数列与等比数列的通项公式，最后在追求推导过程严密性的目标指向下再探索累加法、累乘法；第三部分内容先指明数列求和的本质就是"化简"，在"化简"这一目标的指引下探索等差数列、等比数列的求和公式；第四部分主要是探索数列的递推公式，用递推思想来沟通数列通项公式与求和公式。这样的单元设计不仅能够使学生对数列有整体的认知，而且能够使学生深刻领悟数列单元中"共性"与"个性"、"通法"与"特法"的密切联系。

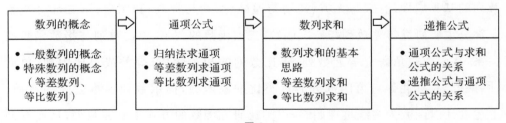

图 2

二、以数学思想方法为主线组织方法类单元

数学思想方法是对数学知识的高度浓缩与提炼，是数学的精华与灵魂。从某种程度上讲，数学学习本质上就是思想方法的学习。数学思想通常具有观念

指导与实践操作双重意义,比如最常用的"数形结合"思想,既指明了解决问题需要遵循"数形结合"的理念,又道出了需要利用"数形结合"进行实践操作。数学思想方法的价值远超数学知识本身,数学思想方法不仅能够用于数学问题的解决,还可以迁移应用到其他学科、领域。

教材是以知识系统为主线组织教学内容的,因此不会直接呈现思想方法,而是把思想方法隐藏在数学知识的建构与问题解决中,需要师生自行领悟。因此,以数学思想方法为主线组织方法类单元,让数学思想方法从"隐性"转向"显性",有助于达成数学学习的目标,让学生能够系统地掌握数学思想方法的精髓。

方法类单元通常表现为中心辐射式,我们可以称其为辐射式单元,它以某种数学思想方法为核心向四周辐射展开。"数列"单元蕴含着重要的数学思想——函数思想。数列是一类特殊的函数,通项公式相当于函数的解析式,数列的图象是一系列离散的点;在"等差数列"与"等比数列"中,要求学生分别探究等差数列通项公式、求和公式与一次函数、二次函数的关系,等比数列通项公式与指数函数的关系。教材如此设计的目的是让学生用函数视角来认识、研究数列,但这种穿插式的设计风格对于函数思想的凸显收效甚微,学生对于"数列是按顺序排列的一列数"的印象远比"数列是一类特殊函数"来得深刻。

基于上述分析,"函数视角下的数列"主题单元可以设计如图 3。本单元由四部分内容组成:第一部分在一般函数概念的基础上引发对"定义域为正整数集"这类特殊函数的思考,引出数列的概念,然后从研究函数性质的视角来认识数列的基本属性(有穷与无穷、递增与递减、摆动与常数)和图象;第二部分与第三部分主要研究等差数列与一次函数、二次函数的关系,等比数列与指数函数的关系,从函数视角研究等差数列、等比数列的相关性质(等差或等比中项、单调性、最值、对称性等);第四部分通过类比抽象函数,揭示数列递推公式的实质。上述设计以函数为主线贯穿始终,以类比研究函数的方式来研究数列,从而有助于学生理解数列的本质。

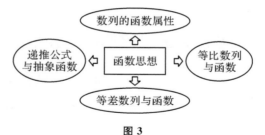

图 3

三、以数学发展历史为主线组织 HPM 类单元

以史为鉴，可以明得失；以数学史为鉴，可以读懂数学。"历史相似性原理"指出，人的认知过程基本与数学发展历程一致，个体数学理解的发展遵循数学的历史发展顺序，梳理数学历史发展线索有助于凸显数学知识的关联性。但是教材是按照最优化的逻辑结构加以取舍而编纂的知识体系，它不仅不会直接呈现数学发展的历史过程，还会舍弃一些数学历史背景与发展过程。因此，以数学发展历史为主线组织 HPM 类单元的基本思路就是立足数学发展的历史线索，在系统了解知识的来龙去脉的基础上，把散落在数学知识中的数学历史文化元素加以整合，使之按照历史演进的顺序得以呈现。

教材中"数列"单元包含了大量的数学史与数学文化元素，比如：在"数列的概念与简单表示方法"中以毕达哥拉斯的"形数"引入数列的概念；在"等差数列前 n 项和"中以高斯的故事引发对求和公式的思考；以"一尺之棰，日取其半，万世不竭"引出等比数列的概念；以国际象棋的发明引出等比数列求和问题；此外还有"斐波那契数列""九连环"等阅读材料。材料虽然丰富，但没有形成逻辑体系，学生无法从这些碎片化的材料中了解数列起源、发展、完善的历程。

HPM 类单元可以表现为"线串式"与"中心辐射式"两种形式。比如：从数列起源与发展的视角，可以构成如图 4 所示的"线串式"单元；从数列文化功能的视角，可以构成如图 5 所示的"中心辐射式"单元。

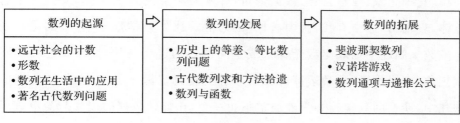

图 4

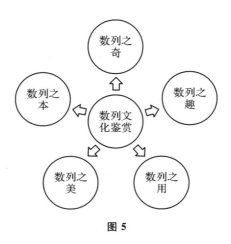

图 5

对数学文化元素的挖掘不应局限于教材,而是要从数学知识系统性、整体性的文化特点这一角度去展现数学发展的宏大场景,凸显沟通历史与现实、沟通数学与人文的价值取向,让学生亲历数学发展的历史足迹,充分关注数学背后的人文精神,感受数学家的人格魅力,体会数学的文化价值。

四、以数学核心素养为主线组织素养类单元

数学核心素养在数学教育中居统领地位,高于课程标准或教学大纲,具有目标导向作用。以数学核心素养为主线组织素养类单元,更加有利于育人目标的达成。但素养类单元的设计却是最难的,对教师的要求也最高,这主要由两方面原因造成。一方面,通常我们所认为的数学核心素养,即数学抽象、逻辑推理、数学建模、直观想象、数学运算、数据分析,并不是独立的六大个体,而是一个有机的整体,表现出"你中有我,我中有你"的态势。比如数学抽象,它指的是从现实世界或数学问题中抽取出数量关系或空间形式的过程,数学抽象的过程离不开直观想象、逻辑推理、数学运算等核心素养的辅助。另一方面,在数学知识的具体构建中,涉及的数学核心素养通常不止一个,比如,"数列的概念与简单表示方法"就至少涉及数学抽象与数学运算两大核心素养,而直观想象、逻辑推理、数学运算更是贯穿"数列求和"的所有内容。

由此可见,素养类单元相对于主题类和方法类单元,其内容选择、教学阶段以及课时规划更难以把握。在教学实践中,如果要以某一种数学核心素养为主

线组织素养类单元,则呈现出的必然是网状结构的"大单元",其内容会囊括多个知识模块,其教学时间可能跨学期甚至跨学段,其教学目标遵循螺旋上升的原则。因此,对于"数列"这一知识模块,不宜直接组织素养类单元,而是要把核心素养渗透在另外三种类型的教学单元中。

数学单元教学设计的四大视角并没有孰优孰劣之分。在教学实践中,到底采用什么视角,需要从数学教育的整体功能出发,从更高的站位对教学目标的达成、学生的认知水平、教学内容的特点等因素进行综合考量,而后进行选择。

追寻历史的足迹①

——"对数的概念"教学实录与反思

一、教学背景

关于"对数的概念"这一内容,其教学设计一般是先从实际问题出发,让学生感受到引入对数的必要性,然后从指数中直接引出对数的概念,最后让学生求一些特殊对数式的值。根据笔者多年的教学经验,这样的教学设计直截了当,对数和指数的关系显而易见,但教学效果并不理想,课后大多数学生觉得对数很抽象,很难理解,潜意识里拒绝接受对数。为什么对数的概念和运算会和学生的认知产生这么大的冲突呢? 究其原因,就是在教学中不够重视对数概念的形成过程,或者说对数概念的形成不够自然,无法在学生的认知过程中得以很好内化。

任何数学概念和结论都不是"天外来客",而是人类文化的重要组成部分,它们的产生和发展都有着丰富的历史文化背景。因此,我们在数学教学中应该努力揭示数学概念、结论逐步形成的过程,体会蕴涵在其中的数学方法,追寻数学发展的历史足迹,把数学的学术形态转化成学生易于接受的教育形态。

对数的产生有着极其丰富的历史背景。17 世纪,随着航海和天文学的发展,人们需要面对越来越复杂的计算,耗费的时间也越来越长,因此,平方表、立方表、平方根表等数学用表应运而生,而对数的发明,就是为了简化这些复杂的计算。对数的优点是把乘方、开方这类第三级运算转化成乘除这类第二级运算,而第二级运算又可以转化为加减这类第一级运算,大大减少了计算量。恩格斯认为,对数的发明和解析几何、微积分并列为 17 世纪"最重要的数学方法";法国

---

① 本文发表于《中学数学月刊》2008 年第 11 期。

天文学家拉普拉斯则称赞"对数的发明使天文学家延寿一倍"。然而，在计算工具高度发达的今天，学生根本无法体会对数对简化计算的重要作用，更不了解对数诞生的历史背景。那么我们能不能将对数产生的历史背景融合在对数的教学设计中，让学生追寻对数发明的历史足迹，了解对数的发现过程呢？以下是笔者对于对数概念形成的教学尝试。

二、教学过程

1. 对数的发现

在屏幕上展示下表。

…	−1	0	1	2	3	4	5	6	7	8	9	10	11	12	…
…	1/2	1	2	4	8	16	32	64	128	256	512	1024	2048	4096	…

师：请大家观察表格中的数据，你能找出上下两行数据之间的关系吗？

生：上下两行数据满足函数 $y=2^x$，其中第一行数据是自变量 x 的取值，第二行是所对应的函数值。

师：请问 32×128 的值是多少？

（学生有的在草稿纸上运算，有的开始按计算器）

生：等于 4096。

师：这个问题对大家来说太容易了。但是现在假设你们身处 17 世纪，那时候根本没有计算器等现代化的计算工具，如何求出 32×128 的值呢？当然，我也不希望你们告诉我"在草稿纸上笔算"，这样的方法太没有创意了，你们要充分利用表格中的数据，设计出简单的计算方法。

（学生马上陷入了沉思，仔细观察表格中的数据）

生 A：我发现一个规律，32 对应数字 5，128 对应数字 7，而结果 4096 所对应的数字是 12，5 加 7 正好等于 12。因此我想，可以先在表格中找到 32 所对应的数字 5，再找到 128 所对应的数字 7，然后利用 5 加上 7 得到结果 12，最后在表格中找到 12 所对应的数字 4096，就是所求的结果。

师：大家认为这样的计算方法可行吗？

（只有一部分学生回答可行，还有一部分学生没反应过来）

师：还有很多同学对这种方法存有疑虑，那我们就按照这位同学的方法求下面这些乘法运算的结果：16×64、256×128、2048×4096。

（学生按照步骤验证这种计算方法的可行性，都认为这种方法是好方法）

师：这种方法非常神奇，能不能用这种方法进行除法运算呢？如计算 $\dfrac{2048}{256}$ 的值。

（类比刚才的方法，学生很快想到了方法）

生：在表格中找到 2048 所对应的数字 11，再找到 256 所对应的数字 8，11 减 8 等于 3，找到 3 所对应的数字 8，因此结果就是 8。

教师：谁能概括一下这种算法的优点？

生 B：这种计算方法的优点就是把复杂的乘除运算转化成了简单的加减运算。

生 C：这种方法不好，表格中没有的数字，就不能用这种方法计算。比如求 25×240 的值。

（刚刚经历了成功的喜悦，马上又有人开始质疑，学生开始讨论，很快，很多学生都对这种方法的价值提出了质疑）

师：这个同学的观点非常有道理。虽然从表面上看，表格中没有的数字确实不能用我们刚才的方法来计算，但这种方法大大减少了计算量，是一种很好的方法。17 世纪，随着航海和天文学的发展，人们需要面对越来越复杂的计算，耗费的时间也越来越长，他们需要找到更为快捷的计算方法。16 世纪，德国数学家斯蒂菲尔德也和我们一样发现了这种神奇的计算方法，当时他很喜悦，同时也遇到刚才那个同学提出的问题，但他放弃了继续研究，与伟大的发现失之交臂。如果他能再深入研究的话，人类或许可以更早地从复杂的计算中解脱出来。我们现在也面临着斯蒂菲尔德当时的抉择。是放弃？还是想办法解决这个问题？请大家思考一下这种算法的原理是什么呢？我们如何解决类似于 25×240 这样的问题呢？

（学生自由讨论，谁不想成为伟大的发现者呢）

生 D：实际上这种算法就是指数的运算性质。拿 32×128 来说，无非是把它转化成 $32 \times 128 = 2^5 \times 2^7 = 2^{12} = 4096$，除法也一样。

生 E：这种算法的实质就是把乘除法转化成指数幂的加减法运算。

生 F：计算 25×240 也可以解决，尽管表格中没有，但实际上我们只需求出 2 的多少次方是 25,2 的多少次方是 240 即可,因此这种方法行得通。

生 G:我用计算器算出 $2^{4.6}\approx25$,$2^{7.9}\approx240$,而 $4.6+7.9=12.5$,$2^{12.5}\approx5792.6$,与准确值 $25\times240=6000$ 有很大的差距,这是为什么?

生 H:这是数据的不精确导致的,我算得 $2^{4.644}\approx25$,$2^{7.906}\approx240$,结果就准确多了。

生 I:按照这样的思路,我们只需制作一张包含足够多数字的表格,就能进行各种各样数字的乘除运算了。

师:大家的思维非常活跃,方法非常正确。经过大家讨论,我们可以断定,这种方法在任何情况下都是行得通的。我们可以不断完善表格中的数据,只不过用这种方法求出的结果和实际结果有一定的误差,这取决于你所取数据的精确度。因此,在 17 世纪,许多人为了制作这样一张精确的表格而奉献了自己毕生的精力。

设计意图:通过观察、分析表格中的数据和具体的演算,学生深刻认识到对数对简化运算的重大作用和引进对数的必要性。在这个过程中,对数和指数的联系得到了进一步体现。丰富的情景和动人的历史故事能引起学生的求知欲和创造欲,激发学生锲而不舍的钻研精神,培养学生的科学态度。学生不断经历发现问题、解决问题的过程,分享成功的喜悦。学生在发现对数的过程中,也初步学习了对数的运算性质,为后续学习做了很好的铺垫。

2.对数的发明

师:计算器能够做到足够精确,但不能保证正确。你能准确表示 2 的多少次方是 25,2 的多少次方是 240 吗?

生:不能。

师:因此,我们迫切需要引进一种新的表示方法,才能把我们的发现上升为一种全新的理论。这种表示方法叫作对数。它的定义是:

$a^x=N(a>0,a\neq1)\Rightarrow x=\log_aN$,我们把 x 称作以 a 为底 N 的对数,其中 a 为底数,N 为真数。

如 $2^x=25\Rightarrow x=\log_225$,$2^x=240\Rightarrow x=\log_2240$。

根据对数的定义,请问对数 $\log_aN$ 的含义是什么?

生:它的含义是 a 的多少次方是 N。

师:对数与指数有什么关系?

生 J：对数与指数可以相互转化，即 $a^x = N(a>0, a \neq 1) \Leftrightarrow x = \log_a N$。

生 K：对数和指数是逆运算的关系，就像加和减、乘和除、平方和开方的关系
    一样。

　　（由于前面知识的铺垫，学生对于对数和指数的关系已非常明了）

师：对数的发明要归功于 17 世纪英国数学家纳皮尔，是他在前人的基础上建立
    了较为完善的对数运算体系，因此对数又称为纳皮尔对数。

　　设计意图：基于前面的铺垫，对数概念的引入水到渠成。明确指数和对数的
关系，加深学生对于对数概念的理解。

3. 对数的完善

师：a 称为对数的底数，我们通常把以 10 为底的对数称为常用对数，并且把
    $\log_{10} N$ 记作 $\lg N$。

生：为什么把以 10 为底的对数称为常用对数？

师：顾名思义，以 10 为底的对数是我们在生活中最常用的对数，因此称为常用对
    数。大家可能想知道，以 10 为底的对数到底有什么良好的性质，值得人们这
    样推崇。现在就让我们来计算几个以 10 为底的对数的值，看看能从中发现
    什么样的性质。

　　例 1 求值：$\lg 10 = $_____，$\lg 100 = $_____，$\lg 1000 = $_____；
    $\lg 0.1 = $_____，$\lg 0.01 = $_____，$\lg 0.001 = $_____。

生：它们的值分别是 $1, 2, 3, -1, -2, -3$，可以发现，10 的正整数幂的常用对数
    值等于真数里 0 的个数，10 的负整数幂的常用对数值是负数，它的绝对值等
    于真数的小数里 0 的个数。

师：现在我们再看一道题目，你从中还能发现什么性质呢？

　　例 2 用计算器求下面对数的值，并观察它们的首位数有什么规律。

　　(1)$\lg 3.56$；　　　　(2)$\lg 35.6$；　　　　(3)$\lg 356$。

生：它们的首位数分别为 $0, 1, 2$，可以看出常用对数值的首位数总比真数位数
    少 1。

师：就是因为以 10 为底的对数具有这么多以其他数为底的对数所没有的性质，
    它才成了我们在生活中使用最广泛的对数。一句话，常用对数——"爱你没

商量"。

师:现在我们再介绍一个重要的对数——自然对数,它是以 e 为底的。其中 e 是一个和圆周率 π 一样重要的无理数。e = 2.71828…,并且把 $\log_e N$ 记作 $\ln N$。

生:为什么把以 e 为底的对数称为自然对数呢?

师:这是因为很多反映自然规律的数学模型都包含 e,如放射性元素的衰变公式、牛顿的冷却定律等,一句话,自然对数——"自然的选择"。

设计意图:"常用对数"和"自然对数"的名称是有由来的,这样可以强化学生对于对数概念的认识,帮助学生体会数学和生活的联系。

三、教学反馈及启示

1. 如果早生几百年,我们都是数学家

在本节课中,丰富的历史人物故事、富有挑战性的提问激发了学生的学习热情和求知欲。教师引导学生沿着历史的足迹逐步揭开问题的迷雾,使学生"自然而然"地发现问题的真相,充分认识到对数发明的意义和重要作用,认识到对数不是"怪物",而是"神奇的工具"。对学生来说,对数的发明也不是遥不可及的幻想,数学理论的建立也不只是数学家的专利。"如果早生几百年,我们都是数学家!"这是很多学生课后发出的感慨。

2. 数学是自然的

学生不仅要掌握数学概念和结论,更应该在教学过程中充分体会数学知识产生、发展的全过程,探寻数学知识的源头。同时,数学概念的形成应该是"自然"的、符合学生认知规律的。这节课以真实的历史故事创设情境,引导学生经历"对数的发现—对数的发明—对数的完善"全过程,从而"自然"地构建对数的概念。

3. 课堂应充分体现数学文化

课堂是学生学习数学知识的主要场合,对数学文化的学习,应更多体现在课堂教学之中。将数学发展历史进程中的重要事件、重要人物与重要成果等融入

教学内容,是体现数学文化价值的有效途径。生动、丰富的事例,使学生初步了解数学知识产生与发展的过程,体会数学对人类文明发展的推动作用,提高学习数学的兴趣,加深对数学的理解;同时感受数学家的严谨态度和锲而不舍的探索精神,在数学家追求真理、勇于创新的精神鼓舞下,克服认知上的困难,不断提高自身的数学素养。

基于"发明"观点的数学概念教学①

——以"数系扩充与复数"为例

从数学发展的历史中，我们可以看到，数学知识是被"发现"的，也是被"发明"的。理性地揭示蕴藏的数学规律，可以称之为"发现"；独辟蹊径地创造出一种数学模式，可以称之为"发明"。数学史上有很多知名的"发现"，比如素数有无穷多个，二次方程的求根公式，五次及以上方程没有类似的求根公式，以及数不胜数的数学定理、公式等；也有很多"发明"，比如被恩格斯誉为17世纪数学领域三大发明的对数、解析几何、微积分。

数学概念的"发现"或"发明"属性，决定了教学的思路。对于"发现"类概念，教学的重点是"如何引导学生在现有基础上自然地发现"；而对于"发明"类概念，教学的重点是"如何引领学生经历从无到有的创造过程"。显然后者的思维层次与教学要求高于前者。按照上述分类标准，高中数学概念多数属于"发现"的范畴，少数属于"发明"的范畴。对于"发现"类概念的教学，教师经常接触，已经形成了比较成熟的操作模式；而对于"发明"类概念，由于接触较少，教师在教学上难以准确把握。

复数是被"发明"的：通过"发明"一个"虚无"的"i"，进而构建一个全新的数系——"复数系"。笔者类比现实生活中的发明，以"数系扩充与复数"一课为例，谈谈"发明"类概念的教学。

---

① 本文发表于《中小学数学》2016年第9期。

一、展现需求，体会"发明"的必要性

需求是发明创造的内驱力，生活中的发明都是基于人类的某种需求。数学"发明"也是如此，通常源于两种需求：一是现实的需求，即为了解决实际问题的新创造，比如，自然数的发明就是为了解决生活中的计数问题；二是数学本身发展的需求，即为突破数学发展的瓶颈而进行的发明，历史上几次著名的数学危机，都是有了新的数学发明才得以化解。复数"发明"的主要需求为后者，就是为了解决负数的二次根式有意义的问题。

卡丹是历史上较早开始思考这个问题的数学家。1545 年，他在《大术》一书中提出了一个问题："将 10 分成两部分，使两数的乘积等于 40，求这两数。"

这是一个简单的解一元二次方程 $x^2-10x+40=0$ 的问题，$\Delta=-60<0$，显然这个方程无实数根。但卡丹不甘心，他认为，如果根式里能出现负数的话，方程的两个根就可以用求根公式表示为 $5\pm\sqrt{-15}$，而这两个根完全符合条件，只是 $\sqrt{-15}$ 违背了"负数的二次根式无意义"的传统观念，人们内心无法接受。那 $\sqrt{-15}$ 是否有意义呢？这个问题在实数集内无法解决，人们不禁思考：是否还存在一个比实数更大的数系，使得在这数系内负数的二次根式有意义？这自然引发了人们对数系扩充的思考。

二、回溯历史，总结"发明"的规律性

生活中的发明不仅要提供前所未有的东西，而且要提供比以往技术更为先进的东西，即在原理、结构，特别是功能、效益上优于现有技术。发明一般遵循既有继承又有创造的规律。数学"发明"更是体现这一规律，一方面不断创造出新的理论，另一方面，新的理论又是对原有理论的更新与完善。

为了避免数系扩充的盲目性，我们首先要明确扩充的原则与方向，这就需要回溯数系的发展历史，寻找原有数系存在的不足，总结数系扩充的一般规律，进而找到问题的突破口。

表 1 展现了现有数系"加、减、乘、除、开方"五种基本运算的封闭性，其中
"√"表示仅用该数集内的数能处理某种运算，"×"表示不能。从中不难发现：一
方面，数系的扩充促进了运算功能的完善，很多原有数系不能出现的计算，在新
的数系中都能得到圆满解决；另一方面，从有理数集扩充到实数集，其运算功能
并未得到实质性加强，开方运算一直"悬而未决"。这也进一步说明了数系继续
扩充的必要性。

表 1 现有数系运算的封闭性

运算	数集			
	自然数集 N	整数集 Z	有理数集 Q	实数集 R
加	√	√	√	√
乘	√	√	√	√
减	×	√	√	√
除	×	×	√	√
开方	×	×	×	×

由图 1 可知，数系扩充是通过引入"新数"与"新的符号"而实现的。当然，数
系的扩充并不是一帆风顺的，总是经历着从不理解到理解、从不接受到接受的曲
折历程。欧洲人在 15 世纪才接触负数，到了 16 世纪，一些有名望的数学家还投
反对票，法国数学家韦达认为负根无意义，而帕斯卡认为"0 减去 4"纯粹是胡
说；无理数的诞生更是使希帕索斯付出了生命的代价。由此我们可以得出这样
的结论：数系的扩充需要引入"新数"与"新的符号"，但更需要开放的思想与广阔
的视野。数系发展的真正阻力来自人们的习惯心理，难点在于突破根深蒂固的
心理障碍与认知障碍，使人们有勇气接受新事物。

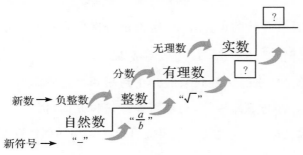

图 1

三、运算比较,验证"发明"的科学性

对于新数系而言,关键是解决负数二次根式有意义的问题,进一步来讲就是解决 $\sqrt{-1}$ 有意义的问题。如果 $\sqrt{-1}$ 有意义,那么一定存在着这样的数 x,使得 $x^2=-1$。根据数系扩充的一般原理,可以引入新数与新的符号来实现。但纵观所有的实数,根本没有符合条件的数,因此,无法给出具体的数,只能用一个抽象的字母来代替,这个字母就是"i",即 $i^2=-1$。"i"是英文单词"虚数"(imaginary number)的首字母,"imaginary"表示"虚幻的、想象的"。这其实反映了虚数发明者"纠结"的心态,正如数学大师欧拉对虚数的感叹:"它们既不是'什么都不是',也不比'什么都不是'多些什么,更不比'什么都不是'少些什么,它们纯属虚构。"纵然是"虚构",但如果人们能够跳出传统观念的桎梏,大胆了解它的话,就会发现,虚数完全符合数的一般特点,而且可以通过运算来验证虚数的科学性。

首先,虚数具有很好的兼容性。在科学发明中,兼容性是一个很重要的指标,兼容性好的发明更容易推广。引入虚数后,不论是实数还是虚数,都可以用 $a+bi(a,b\in\mathbf{R})$ 的复合结构来表示,于是诞生了比实数更大的数系——复数(complex number),如图 2。复数继承了实数的所有运算法则,实现了对实数的兼容。

图 2

其次,虚数具有独特的运算性质,这也是每次数系扩充后必然出现的结果。比如,负数可以开根号,$5\pm\sqrt{-15}$ 可以写成 $5\pm\sqrt{15}i$。复数 $a+bi(a,b\in\mathbf{R})$ 的实部 a 与虚部 b 既是独立的又是联系的。在判断两个复数是否相等时,要考虑实部与实部相等,虚部与虚部相等,实部与虚部是独立的;但一个复数的具体属性却由实部与虚部共同决定,这就导致实数可以比大小的属性在复数中不存在了。

四、发掘完善，凸显"发明"的先进性

对于现实中的发明，人们最关心的是其与旧产品相比具备了哪些优势，其先进性程度决定其价值。"意义"的广泛性与深刻性是数学"发明"先进性的重要指标，具体包括现实意义、代数意义、几何意义、物理意义等，丰富的意义更容易凸显数学"发明"的本质。

发明虚数的初衷很现实，也很单纯，就是为了使负数的开方有意义，于是引入了一个"虚幻"的字母"i"。尽管其科学性可以得到验证，但发明的"随意性"过于明显，这不得不令人怀疑，是否存在更好的发明，也使得负数的开方有意义。正是基于上述疑虑，虚数一直存在于"虚幻"之中，不被人们接纳。直到 18 世纪，挪威的测绘员威赛尔和巴黎的会计师阿尔干借助法国数学家发明的平面直角坐标系，对复数作出了令人信服的几何解释，从此，长期笼罩着虚数的神秘面纱终于被揭开。当然，复数的几何意义是后续学习的内容，目前迫切需要解释的是"i"的意义，也就是说，"i"其实"不虚"。

众所周知，实数可以与坐标轴上的点一一对应，比如，$1 \times (-1) = -1$ 可以看成 1 逆时针旋转 $180°$ 得到，如图 3 所示。引入 $i^2 = -1$ 后，$1 \times (-1) = 1 \times i \times i$，就可以看成 1 先逆时针旋转 $90°$，再逆时针旋转 $90°$ 得到，如图 4 所示。由此可以推测，"i"的作用是"旋转"，实数与"i"的积的几何意义是有向线段的"旋转"。

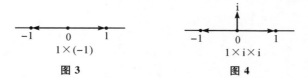

图 3　　　　　　　图 4

由此可见，"i"并非纯属虚构，而是有其几何意义。当然，这种意义在虚数发明之初并没有被发现，而是在后续的完善中逐渐被发掘出来的。许多自然科学理论之所以被称为真理，不但在于科学家通过不懈研究创立这些学说，更在于多次被之后的科学实践所证实。简而言之，复数的发明是"初识其貌，证实其义，而后立于数学之林"。

五、分享经验，激起"发明"的新思考

在现实生活中，一项发明的成功并不意味着终结，通过总结，分享发明经验，很可能为后续的发明提供有价值的信息。数学"发明"也遵循这样的规律。

复数发明过程的揭示不仅让复数概念教学的脉络逐步清晰，还可以让学生得到以下启示。

第一，世界上本没有数，数是人类伟大的创造。

第二，人们在需要时不断创造新的数，并且每次创造的新数都解决了数学内部和实际生活中原先无法解决的问题。

第三，有与无、能解决与不能解决都是相对的，创造新数的难点在于突破原有的思维方式与认知心理，数学的思想一旦冲破传统模式的藩篱，便会产生不可估量的创造力。

于是，自然引发了学生对于"复数是否可以继续扩充"的思考，为后续的学习提供了新的方向。

总之，"发明"类数学概念的教学要凸显其历程，这种历程应该与生活中具体事物的发明过程一致。

解题教学不只是"解题"

学校组织新教师参加了一场高三一模考试,同样的时间,同样的试卷,与学生在一个考场考。考试成绩不公布、不排名,考得好的没奖励,考得不好的也不会受到批评,纯粹是为了督促新教师多做题,早些熟悉高考。很多学校和地区每年也会组织类似的考试,有的要求全部教师参加,有的还会对教师的考试成绩进行排名。在这样的背景下,教师的压力可想而知。

解题能力是数学教师的一项重要基本功。数学教师若不会解题,那是件极其糟糕的事,考试就考解题,教师不会解题,怎么能够教会学生解题?但反过来说,教师的解题水平越高,是不是意味着他所教的学生解题能力越强?不一定。我认识一位数学老师,他的解题水平堪称一流,再难的题目在他手里也能被轻松搞定,可是每次考试,他所教班级的成绩总是不理想。因为在他眼里,世上无难题,每次上课他都是一个人"表演",没有顾及学生的理解能力,也没有师生互动等环节,学生不知道老师在讲些什么,自然也没有学到解题的真本事。

会解题与会教解题完全是两回事。解题的目标就是解决问题、得到答案,而解题教学的目标是教会学生解题的方法,帮助学生形成方法和套路。数学解题一般有三种参考视角。第一种是"标准答案视角",通常是"看不懂,想不到",因为里面省去很多"不必要"的步骤,只保留最关键的得分点,呈现的是最为简洁的过程。第二种是"教师视角",既然学生看不懂标准答案,那么老师要么把标准答案中省去的步骤补回去,要么另起炉灶,按照自己对题目的理解给出新的方法。这是一种"想当然"的视角,教师认为这种方法学生能理解,认为这种方法很好,但实际上,学生很可能还是听不懂、学不会。第三种是"学生视角",也就是学生看到题目时,他会怎么思考,会想到哪种方法。这是一种"难以捉摸"的视角,每个学生的情况不一样,他们所思所想肯定也不相同。解题教学要做的就是建立起"标准答案视角""教师视角"与"学生视角"三者之间的联系,把抽象的解题过程转化为易于学生理解的学习过程。

前几年,在各类数学课堂教学评比展示活动中,老师们非常热衷于解题教学,选择展示的公开课要么是单元复习课,要么是高考复习课。一次县级优质课比赛上课的主题是"导数的综合应用高三复习课",毋庸置疑,这节课应当讲如何解题。但如何才能上好这节课？不妨一起分析一下。

首先，要选好题，即要有一个明确的主题。很多老师讲题的时候没有考虑教学主题的问题，只是对着题目一道一道往下讲，可谓"脚踩西瓜皮，滑到哪算哪"，这就叫"就题论题"，不值得提倡。那么主题如何确定？一般可以从"知识系统""重、难、易错点""教育功能"三个维度来选题，我的文章《例谈数学复习课选题"三维度"——以"平面向量"复习课为例》对此进行了探讨。对于"导数的综合应用"来说，可以选的主题很多，如切线、单调性、极值（最值）、隐零点、极值点偏移等。这些主题还可以进一步细分，例如，单调性问题可以分为三次函数的单调性问题、含参数函数的单调性问题、单调区间的求法等。一节课时间有限，主题要小而精，千万不要一节课把所有的难点一网打尽，否则课堂就变成了"流水账"。

其次，要传授方法与技巧。解题不是目的，目的是让学生掌握解题方法，这就是我们常说的做一题、得一法、会一片、通一类。

有的老师会在方法上"翻车"，方法教学可能并没有达到预期的效果。比如，有位老师整节课都在讲"必要性探路"这个解题策略。"必要性探路"策略针对的是一类恒成立问题，可以通过取定义域内的某个特殊值，得到一个必要条件，然后缩小范围讨论或者验证其充分性，进而解决问题。这位老师给出了下面这道高考题作为例题。

例 1 （2011 浙江卷理科第 22 题）设函数 $f(x)=(x-a)^2\ln x, a\in \mathbf{R}$。

（Ⅰ）若 $x=$e 为 $y=f(x)$ 的极值点，求实数 a；

（Ⅱ）求实数 a 的取值范围，使得对任意的 $x\in(0,3\mathrm{e}]$，恒有 $f(x)\leqslant 4\mathrm{e}^2$ 成立。注：e 为自然对数的底数。

根据"必要性探路"的解题策略，在 $x\in(0,3\mathrm{e}]$ 中找特殊值代入 $f(x)\leqslant 4\mathrm{e}^2$，先确定 a 的大致范围，再想办法缩小 a 的范围，最后验证充分性得到答案。把 $x=\mathrm{e},\mathrm{e}^2,3\mathrm{e}$ 分别代入 $f(x)\leqslant 4\mathrm{e}^2$ 后，得到 a 的取值范围是 $3\mathrm{e}-\dfrac{2\mathrm{e}}{\sqrt{\ln(3\mathrm{e})}}\leqslant a\leqslant 3\mathrm{e}$，这恰好就是最终答案。

"必要性探路"策略对付这类问题确实非常好用，但还要验证充分性，验证的过程又相当复杂，不容易理解。果不其然，老师讲了这种方法后，学生在运用时干脆直接跳过验证环节，而巧合的是，针对后面老师提供的题目，"探路"的结果都是最终答案，这更让学生觉得"验证"是多此一举。看似成功的解题策略，实际上并没有提升学生的解题水平,只是多了一种投机取巧的方法。

数学方法有通性通法和巧法妙法之分,通性通法符合多数学生的认知规律,学生容易理解和掌握,普适性强;巧法妙法需要学生具备较高的思维能力,是对通性通法的锦上添花,如果学生连通性通法都没学好,就更无法理解这些眼花缭乱的巧法妙法。同时,通性通法的教学也要与学生的认知水平相匹配。这一点我也深有体会。我教高一时曾给学生讲过下面这道题目。

例 2 已知 $f(2x+1)=x^2-2x$,求 $f(x)$ 与 $f(2x-1)$ 的解析式。

我本以为这是一道非常简单的题目,学生用换元法就能轻松搞定,可谁知道,学生是这样解的:

设 $f(x)=ax^2+bx+c(a\neq0)$,

则 $f(2x+1)=4ax^2+(4a+2b)x+a+b+c=x^2-2x$,

易得 $4a=1,4a+2b=-2,a+b+c=0$,解得 $a=\dfrac{1}{4}$,$b=-\dfrac{3}{2}$,$c=\dfrac{5}{4}$,

所以 $f(x)=\dfrac{1}{4}x^2-\dfrac{3}{2}x+\dfrac{5}{4}$,$f(2x-1)=x^2-4x+3$。

答案是正确的,但比起换元法,显得太麻烦了。于是,我向学生介绍换元法:

设 $2x+1=t$,则 $x=\dfrac{t-1}{2}$,

于是 $f(t)=\left(\dfrac{t-1}{2}\right)^2-2\left(\dfrac{t-1}{2}\right)=\dfrac{1}{4}t^2-\dfrac{3}{2}t+\dfrac{5}{4}$,

把 t 换回 x,即得 $f(x)=\dfrac{1}{4}x^2-\dfrac{3}{2}x+\dfrac{5}{4}$,

从而 $f(2x-1)=x^2-4x+3$。

令人意想不到的是,很多学生不理解为什么要设 $2x+1=t$,为什么求出来的结果明明是 $f(t)$,却可以直接改成 $f(x)$。换元法明明是解决这类题目的通性通法,但为何学生无法接受?经过冷静思考,我才慢慢明白其中的道理。上这节课时,学生刚进入高一不久,他们的数学抽象水平实际上仍停留在初中水平,需要借助具体的例子才能理解函数抽象的表达,这就是他们会想到设一个二次函数的原因。教会一个三岁的孩子什么是圆,最好的方法就是让孩子用手触摸各种圆形的物体,接触的具体物体多了,圆的概念自然就形成了。与此相似,刚进入高一的学生数学抽象水平本来就弱,要用具体的例子帮助学生理解抽象,而不是用抽象来认识抽象。因此我写了《"通性通法"教学重在"回归自然"——从两则教学案例谈起》探讨这件事，旨在倡导让方法教学回到学生的认知起点。

题目选得难，方法过于技巧化，可能并非老师的本意。新高考采用全国卷后，简单的"送分题"变少，需要学生动脑筋的中档题增加，原本十拿九稳的三角函数解答题也不再那么容易拿分。统计数据表明，近几年高考中三角函数解答题的得分率远低于以往的平均水平。步步埋雷、题题设坑，似乎已经成为高考命题的一种趋势。如此一来，很多老师认为通性通法无法应对当前的高考新形势，于是一味追求题目的难度与方法的巧妙，使得解题教学逐渐脱离学生的实际水平。

学生的立场应该是解题教学的基点，题目的难度与方法的高度要与学生的认知水平相匹配，即要做到惑学生之所惑、难学生之所难、错学生之所错，这样才能实现师生认知的"同频"、思维的"共振"、情感的"共鸣"，这正是基于"稚化思维"观点的数学解题教学所遵循的基本理念。顾名思义，"稚化思维"就是让自身的思维"幼稚化"，目的就是为了"懂"学生，即教师把自己的思维层次刻意降低到与学生相当的水平，站在学生的立场考虑问题，以学生的视角去思考题目的解法，提前预估学生会遇到的解题困难，从而知道哪种方法更适合学生。"稚化思维"的好处是，教师不再是高高在上的解题能手，而是学生的学习伙伴，与学生一起解题。俗话说："最高明的猎手，往往以猎物的姿态出现。"那么我们也可以说："最高明的老师，往往以学习者的姿态出现。"

主题确定，例题选好，方法明确，就可以进入上课环节了。"讲练结合"是最常用的教学方式，即教师先讲例题，学生再进行针对性的训练强化，具体操作可以按照"取势、明道、优术"这三个步骤进行。

"取势、明道、优术"是我国古代重要的哲学思想。"势"是大的发展趋势、历史的潮流，顺势而上则事半功倍，逆势而动则事倍功半；"道"是理念、规律、原则，可以理解为要走的战略路线，"明道"就是加强理论研修，学习新理念、理论，领悟理论框架；"术"是方法、策略、技巧，"优术"就是不断优化方法，探索和积累实用的策略与技能。高中数学人教 A 版新教材主编章建跃的文章《数学教育之取势、明道、优术》结合数学教育对此进行了探讨。既然数学教育要遵循取势、明道、优术的原则，那数学解题呢？受此启发，我写了《数学解题教学之"取势、明道、优术"——以"平面向量共线定理的应用"为例》这篇文章。下面结合例题进行探讨。

例 **3** （2016 浙江卷理科第 19 题）如图 1，已知椭圆 $\dfrac{x^2}{a^2}+y^2=1\ (a>1)$。

图 1

（Ⅰ）求直线 $y=kx+1$ 被椭圆截得的线段长（用 a,k 表示）；

（Ⅱ）若以点 $A(0,1)$ 为圆心的任意圆与椭圆至多有 3 个公共点，求椭圆离心率的取值范围。

第（Ⅰ）问属于常规问题，设截得的线段为 AP，易得 $|AP|=\sqrt{1+k^2}\,|x_1-x_2|=\dfrac{2a^2|k|}{1+a^2k^2}\sqrt{1+k^2}$。难点在于第（Ⅱ）问，多数学生找不到解题思路。解题教学首先要做的事情就是帮助学生寻找解题的切入口。

很多学生看到这类题，不管有用没用，先设直线、列方程、用韦达定理，写上一堆，就是为了得到一些过程分，却不去思考题目正确的解题方向是怎样的。因此，解题教学的第一步就是"取势"，让学生回顾解决圆锥曲线问题的一般步骤和常用的解题技巧有哪些。一般来说，求解圆锥曲线问题，需要采用"执果索因"的策略，从结论出发，分析结论涉及哪些位置关系，需要用到哪些参数，然后再去设参数、列式、运算。

解本题的关键是搞清楚圆的半径、交点个数、离心率三者之间的联系。以点 A 为圆心作一系列半径大小不一的圆，发现圆与椭圆交点的个数有 0，1，2，3，4 五种情况。交点的个数除了与圆的半径大小有关外，还与椭圆的圆扁程度相关，而离心率的大小决定了椭圆的圆扁程度，这就明确了条件与结论之间的联系。再联系第（Ⅰ）问，发现直线 $y=kx+1$ 恰好经过定点 A，AP 就是圆与椭圆的一条相交弦。连接点 A 与交点，就得到一条相交弦；有几个交点，便有几条等长的相交弦。于是，交点问题就转化为弦长问题。至此，本题的"势"就清晰起来了。

解题教学的第二步是"明道"，即明确解题的方法。教师不要把解题方法直接告诉学生，应该先让学生按照解题思路尝试做一下，如果学生能独立完成，教师就没必要再讲。把动手、动脑的机会留给学生，是解题教学的一个基本理念。

对于本题，先考虑圆与椭圆有 4 个交点的情形，然后排除这种情形，就可以得到符合条件的结论。

假设圆与椭圆有 4 个交点，由对称性，可设圆与椭圆左半边有两个不同的交

点 P,Q,满足 $|AP|=|AQ|$。

记直线 AP,AQ 的斜率分别为 k_1,k_2,且 $k_1,k_2>0,k_1\neq k_2$。

由(Ⅰ)得 $|AP|=\dfrac{2a^2|k_1|}{1+a^2k_1^2}\sqrt{1+k_1^2}$,$|AQ|=\dfrac{2a^2|k_2|}{1+a^2k_2^2}\sqrt{1+k_2^2}$,

则 $\dfrac{2a^2|k_1|}{1+a^2k_1^2}\sqrt{1+k_1^2}=\dfrac{2a^2|k_2|}{1+a^2k_2^2}\sqrt{1+k_2^2}$,

所以 $(k_1^2-k_2^2)[1+k_1^2+k_2^2+a^2(2-a^2)k_1^2k_2^2]=0$,

得 $1+k_1^2+k_2^2+a^2(2-a^2)k_1^2k_2^2=0$,

将 $M(x_0,y_0)$ 代入并化简得 $\left(1+\dfrac{1}{k_1^2}\right)\left(1+\dfrac{1}{k_2^2}\right)=1+a^2(a^2-2)$,

要使方程有解,则 $1+a^2(a^2-2)>1$,解得 $a>\sqrt{2}$,

从而当圆与椭圆至多有 3 个公共点时,$1<a\leqslant\sqrt{2}$,所以离心率 $e\in\left(0,\dfrac{\sqrt{2}}{2}\right]$。

解题教学的第三步是"优术",即对已有的解题方法进行优化,让学生思考有没有更好的方法。可将上述解题方法优化如下。

同样假设圆与椭圆有 4 个交点,$|AP|=|AQ|$,则在椭圆的两侧各存在一个等腰三角形,这样就把"线段长度相等"的代数关系,转化为"存在等腰三角形"的几何关系,然后根据等腰三角形底边中点的位置关系列式求解。

设 $P(x_1,y_1),Q(x_2,y_2)$,PQ 的中点为 $M(x_0,y_0)$,

则 $\begin{cases}x_1^2+a^2y_1^2=a^2,\\x_2^2+a^2y_2^2=a^2,\end{cases}$ 得 $(x_1-x_2)(x_1+x_2)+a^2(y_1-y_2)(y_1+y_2)=0$,

将 $M(x_0,y_0)$ 代入并化简得 $x_0+a^2y_0\times\dfrac{-x_0}{y_0-1}=0$。

因为 $x_0\neq 0$,所以 $y_0=\dfrac{1}{1-a^2}$,

又因为 $x_0^2+a^2y_0^2<a^2$,所以 $x_0^2+\dfrac{a^2}{(1-a^2)^2}<a^2$。

因为存在 $x_0^2\in(0,a^2)$,故 $0\leqslant a^2-\dfrac{a^2}{(1-a^2)^2}$,即 $a^2\geqslant 2$,所以 $a>\sqrt{2}$。

因此,以点 $A(0,1)$ 为圆心的任意圆与椭圆至多有 3 个公共点的充要条件为 $1<a\leqslant\sqrt{2}$。

由 $e=\dfrac{c}{a}=\dfrac{\sqrt{a^2-1}}{a}$ 得离心率的取值范围为 $0<e\leqslant\dfrac{\sqrt{2}}{2}$。

还可以继续优化方法,把题目中的椭圆看成圆,则圆与圆最多有两个交点。由此得到启示:椭圆越接近圆,越不会出现超过 3 个交点的情况,因此,椭圆的离心率越小越好。此外,相交弦 AP 的长度是变化的,易知其在椭圆上的某个位置取到最大值,只有当 AP 取到最大值的位置是在椭圆短轴的下端点时,才不会出现 4 个交点的情形。从弦长最值出发,这道题的解答过程就会简洁许多。

设 $M(x,y)$ 是椭圆上一点,连接 MA,

则 $|MA|^2 = x^2 + (y-1)^2 = a^2(1-y^2) + (y-1)^2 = (1-a^2)y^2 - 2y + a^2 + 1$, $y \in [-1,1]$。

要使 $|MA|^2$ 在 $y = -1$ 处取到最大值,

则二次函数图象的对称轴 $y = \dfrac{1}{1-a^2} \leqslant -1$,

解得 $1 < a \leqslant \sqrt{2}$,所以离心率 $e \in \left(0, \dfrac{\sqrt{2}}{2}\right]$。

"优术"的过程,就是一题多解的过程。一题多解是数学中常用的教学手段,很多老师都喜欢用,却不一定用得好。成功的一题多解并非方法的罗列,而是重在揭示方法之间的逻辑联系,重在展示从复杂到简单、从烦琐到简洁的思维过程,重在引领学生从一种方法自然过渡到另一种方法。

对于数学解题教学,学术界一直存在解题教学到底是模仿教学还是思维教学、解题教学应该坚持"题海战术"还是倡导"精讲精练"的争议。关于这种争议,我想很多老师都感同身受。我们努力教学生如何解题,传授各种方法,学生也非常配合,及时完成相应的练习,看似掌握了题目的解法,可一上考场,题目稍微变化一下,学生就不会做了,那么,学生的解题不就是模仿吗?解题教学存在效果持续时间短的缺陷,可谓"一天不练手脚慢,两天不练丢一半,三天不练门外汉",为此,很多老师会加大训练的强度,这难免会让解题教学变成"题海战术"。但刷题太多反而会让学生思维固化,一旦题目有变,连基本的应变能力都没有。

现在的考试命题往往会出一些学生没做过的题,那些被老师研究透彻、被学生做得滚瓜烂熟的题,往往不会被考到。前几年,浙江高考不考导数,非常喜欢考含参数、含绝对值的二次函数题,需要大量分类讨论,学生苦不堪言。等这类题目被老师研究透后,高考又不再考这类题,改成考数列综合应用题,各种放缩技巧让人眼花缭乱。之后又考导数应用题,要用到不等式放缩、函数构造、同构变换等高妙技巧,难度颇大。2023 年开始,浙江高考采用新高考全国卷,命题风向变了,以前的"套路"又失效了。高考的风向每年都在变,作为一线教师,如何应对是好?

教育部在《关于做好 2021 年普通高校招生工作的通知》文件中指出,要优化情境设计,增强试题开放性、灵活性,充分发挥高考命题的育人功能和积极导向作用,引导减少死记硬背和机械刷题现象。这意味着,以往靠刷题来提升数学成绩的"有效"做法在新高考中可能变得"低效"甚至"无效"。

有没有一种"以不变应万变"的教学方法,教师可以少讲题,学生可以少刷题? 回到前面提到的县级优质课比赛,我们学校有一位年轻教师参加了这次比赛,她最初的选题是"切线问题的解法"。我认为这个选题缺乏新意,在教学评比中,选题如果没有新意,就很难给评委留下深刻的印象。恰好在之前的高考复习会议上,有老师做了"切线不等式 $e^x-1 \geqslant x \geqslant \ln(x+1)$ 在导数问题中的应用"的讲座,于是我建议她选择这个主题。但我听了她的试讲以后,仍然感觉不太理想,选题是新颖的,但课的上法还是讲例题、做练习的老一套。

于是,我让这位老师在正式上课之前先搞清楚两个问题:第一个问题是切线不等式学生学过没有? 第二个问题是,如果学生学过,他们是如何学的? 实际比赛的上课班级的学生确实已经学过这个不等式,教材中就有证明这个不等式的练习。既然学生已经知道这个不等式是正确的,那么接下去的教学一般会围绕应用展开,如此一来,又回到了"教师讲题,学生做题"的模式,能否换个思路?

我接着问这位老师:"学生知不知道这个不等式的由来?" $e^x-1 \geqslant x \geqslant \ln(x+1)$ 是一个非常有故事的不等式。有人认为,这个不等式是由 e^x 和 $\ln(x+1)$ 的泰勒式展开得到的,$e^x=1+x+\dfrac{x^2}{2!}+\dfrac{x^3}{3!}+o(x^3)$,$\ln(1+x)=x-\dfrac{x^2}{2}+\dfrac{x^3}{3}+o(x^3)$;还有人认为,直线 $y=x+1$ 恰好是函数 $y=e^x$ 与 $y=\ln(x+1)$ 图象的公切线,而且介于两个函数图象之间。这两种说法都有道理,但一方面,泰勒公式属于大学数学的内容,要用泰勒公式,就要研究泰勒公式的由来,这显然不是高中学生能够理解的;另一方面,只用图象研究问题,说服力不足,其他曲线也有类似的情况。

其实,这个不等式源于改进版"励志"公式 $\left(1+\dfrac{1}{n}\right)^n < e$,对这个不等式两边同取自然对数,得到 $\ln\left(1+\dfrac{1}{n}\right) < \dfrac{1}{n}$,令 $\dfrac{1}{n}=x$,就得到 $x > \ln(x+1)$;再两边同时

取以 e 为底的指数,就得到 $e^x > e^{\ln(x+1)} = x+1$。经验证,等号也成立,从而得到切线不等式 $e^x - 1 \geqslant x \geqslant \ln(x+1)$。

知道来龙去脉后,这节课就可以这样上了:以"励志"公式引入,让学生思考其科学性;在改进"励志"公式的过程中发现 $\left(1+\dfrac{1}{n}\right)^n < e$;在证明不等式 $\left(1+\dfrac{1}{n}\right)^n < e$ 的过程中发现 $e^x - 1 \geqslant x \geqslant \ln(x+1)$;揭示不等式 $e^x - 1 \geqslant x \geqslant \ln(x+1)$ 的几何背景;利用切线不等式解决问题,感受不等式的应用价值。具体上课过程可以参考我写的论文《数学解题教学不只是"解题"——由一次县优质课评比引发的思考》。

与一般数学解题教学就题论题或者就题论法不一样,本节课以切线不等式的概念为切入口,围绕概念的来龙去脉展开探索,学生获得的是对切线不等式的整体认知,而不仅仅是应用。这样设计解题教学,更容易激发学生的学习兴趣,更能够发展学生的核心素养。

"概念"教学在数学解题教学中通常会被忽视。在很多老师的观念中,只有上新课才讲概念,解题教学就是讲如何解题。其实,概念才是数学研究的重点,各种数学猜想、数学定理本身就是针对概念提出来的,解题充其量是概念的衍生与应用,没有概念作为基础,解题与解题教学就无从谈起。

例 4 (2015 浙江卷理科第 7 题) 存在函数 $f(x)$ 满足:对任意 $x \in \mathbf{R}$ 都有 ( )

A. $f(\sin 2x) = \sin x$ B. $f(\sin 2x) = x^2 + x$

C. $f(x^2 + 1) = |x+1|$ D. $f(x^2 + 2x) = |x+1|$

这道题曾经难住很多学生。回顾函数定义的表述,其中有一句关键的话"对每一个 x 都有唯一的 y 与之对应"。基于此,对于 A 选项,分别将 $x=0$ 与 $x=\dfrac{\pi}{2}$ 代入,得到 $f(0)=0$,$f(0)=1$,不符合函数的定义;对于 B 选项,也分别将 $x=0$ 与 $x=\dfrac{\pi}{2}$ 代入,不符合函数定义;对于 C 选项,分别将 $x=1$ 与 $x=-1$ 代入,得到 $f(2)=2$,$f(2)=0$,不符合函数的定义。正确选项为 D。

例 5 (2022 新高考 Ⅰ 卷第 2 题)若 $i(1-z)=1$,则 $z+\bar{z}=$ ( )

A. -2 B. -1 C. 1   D. 2

很多老师认为例 5 的运算量大,学生来不及算。其实,如果对概念的理解透彻,就完全没必要做大量计算。如果知道 $i^2 = -1$,要使 $i(1-z) = 1$,则 $1-z = -i$,直接"秒杀"。

例 6 (2022 全国 I 卷第 7 题)设 $a = 0.1e^{0.1}$,$b = \dfrac{1}{9}$,$c = -\ln 0.9$,则

（　　）

A. $a < b < c$　　　　B. $c < b < a$　　　　C. $c < a < b$　　　　D. $a < c < b$

如果对切线不等式 $e^x - 1 \geqslant x \geqslant \ln(x+1)$ 理解透彻,并知道由这个不等式可以衍生出 $1 - \dfrac{1}{x} \leqslant \ln x \leqslant x - 1$ 与 $x + 1 \leqslant e^x \leqslant \dfrac{1}{1-x}$ 两个不等式,这道题也可以"秒杀"。

例 7 (2022 新高考 I 卷第 20 题)(II)证明:$R = \dfrac{P(A|B)}{P(\bar{A}|B)} \cdot \dfrac{P(\bar{A}|\bar{B})}{P(A|\bar{B})}$。

这一问其实就是直接考查条件概率的概念。

通过以上高考题我们可以看出,高考表面上考解题,实际上考概念的理解。概念没理解,再怎么刷题,学生的解题能力也不可能有大幅度提高。因此,解题教学要跳出题海,先理解概念,再考虑解法。

解题教学的目的是尽可能让学生学会解更多的题,而考试命题者则希望所命制的题目不要轻易被绝大部分学生解出,从而使其选拔区分度更高,它们之间具有一定的博弈关系。那么,我们能否站在命题者的角度来开展解题教学? 如果让学生明白题目的来龙去脉,知道题目变难的原因,是不是更容易发现解题思路?

我们可以尝试研究命题的规则。例如,浙江高考一直以来的填空或选择压轴题"二元最值问题",其解题常用工具就是均值不等式,常用的方法是换元法和凑配法。这类题通常变化多端,学生训练再多也难以掌握其中诀窍。站在命题者的角度,可以向学生展示如何把一道简单的题目变得"面目全非"。

首先要让学生熟悉二元均值不等式链 $\dfrac{2}{\dfrac{1}{a} + \dfrac{1}{b}} \leqslant \sqrt{ab} \leqslant \dfrac{a+b}{2} \leqslant \sqrt{\dfrac{a^2+b^2}{2}}$,让学生知道"知一求三",即知道其中一个均值,就可以求其他三个均值的范围。

例 8 已知非负数 a,b,且 $ab = 1$,则 $a+b$ 的最小值为 _____。

本题直接利用不等式 $\left(\dfrac{a+b}{2}\right)^2 \geqslant ab$ 就可以求出答案。

接下来进行"变式",以这道简单题为"母题",用 $a+1$ 与 $2b+1$ 替换原来的条件与结论,得到:

【变式 1】已知非负数 a,b,且 $(a+1)(2b+1)=1$,则 $a+2b+2$ 的最小值为_____。

此时条件与结论的关联性很明显。再把条件 $(a+1)(2b+1)=1$ 展开,化为 $2ab+a+2b=0$,把要求的结论变为 $a+2b$,得到:

【变式 2】已知非负数 a,b,且 $2ab+a+2b=0$,则 $a+2b$ 的最小值为_____。

此时条件与结论的关联性不那么明显了,解题的关键是想办法恢复条件与结论的关联。利用整体代换思想,把条件与结论分别还原成 $(a+1)(2b+1)=1$ 与 $(a+1)+(2b+1)-2$,"换元法"就是这么来的。

进一步削弱条件与结论的关联性,得到:

【变式 3】已知非负数 a,b,且 $2ab+a+2b=2$,则 $2a+2b$ 的最小值为_____。

条件的本质没有改变,结论却变为了 $2a+2b$,要在条件 $(a+1)(2b+1)=3$ 前面乘上系数 2,即 $2(a+1)(2b+1)=(2a+2)(2b+1)=6$,"凑配法"就是这么来的。

若用 $a+b$ 与 $2b+a$ 替换"母题"的条件与结论,就会出现更复杂的二次多项式,得到:

【变使 4】已知非负数 a,b,且 $a^2+3ab+2b^2=1$(把 $(a+b)(2b+a)=1$ 展开),则 $2a+3b$(化简 $a+b+2b+a$ 而来)的最小值为_____。

若进一步改变条件的系数,就很难发现条件与结论的关联性了,得到:

【变式 5】已知非负数 a,b,且 $2a^2+6ab+4b^2=1$(把 $2(a+b)(2b+a)=1$ 展开),则 $2a+3b$ 的最小值为_____。

以上这些问题的构造方向是"已知几何平均数求算术平均数"。

当然,也可以"已知几何平均数求平方和平均数",得到:

【变式 6】已知非负数 a,b,且 $a^2+3ab+2b^2=1$,则 $2a^2+5b^2+6ab$(把 $(a+b)^2+(2b+a)^2$ 展开)的最小值为_____。

还可以"已知几何平均数求调和平均数",得到：

【变式7】已知非负数 a,b，且 $a^2+3ab+2b^2=1$，则 $\dfrac{1}{a+b}+\dfrac{1}{2b+a}$ 的最小值为_____。

先确定一个平均数，再求另外的平均数，按照这个思路，通过改变条件与结论的结构，不断削弱条件与结论的关联性，使问题的难度随之增大，就构造出了各种类型的"均值不等式求最值"问题。

可以让学生模仿这样的思路去编题，看谁编的题目巧妙，能把大家难住，这样，学生也过了一把"命题瘾"。这样的解题教学是不是比老师讲、学生练来得效果好？

波利亚反对让学生大量做题，他认为，对于数学教师，"如果把分配给他的时间塞满了例行运算来训练他的学生，他就扼杀了学生的兴趣，妨碍了他们的智力发展"。我想，解题教学中，做题是必然的，就看如何做；讲题也是必然的，就看如何讲。这需要教师开动脑筋。

相关论文

例谈数学复习课选题"三维度"①

——以"平面向量"复习课为例

复习能帮助学生对所学基础知识、基本技能进行梳理和沟通,让学生建立良好的认知结构,从而加深理解、增强记忆;能培养学生思维的整体性,使不同程度的学生都能受益。因此,上好复习课至关重要。但在实际教学中,一线教师普遍感到:复习课难上,"难于上青天";复习课无趣,"食之如鸡肋"。笔者调查发现,对复习课"选题"的困惑是造成上述现象的重要原因之一。

笔者参加过一次县骨干教师带徒活动,上课的主题是"平面向量"复习课,上课教师普遍觉得这节课复习课的主题不好确定。平面向量内容繁多,知识点错综复杂,到底该上什么内容,确实令多数教师伤透脑筋。下面笔者就结合本次活动的课例来谈谈对于复习课"选题"的看法。

一、从知识系统的维度来选题

站得高才能看得远。在选题时应该放眼全局,从知识系统的高度来选题。从知识系统的维度选题有利于把握复习方向,保证复习课不偏题。对平面向量知识系统的分析如图 1。

---

① 本文发表于《中学数学教学参考》2013 年第 4 期。

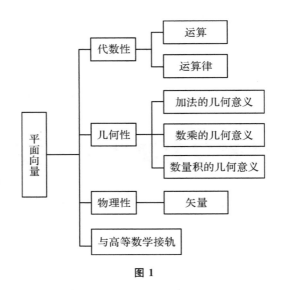

图 1

案例 1 教师甲的选题——向量数量积运算

例 1 已知向量 $a=(2,3)$，$b=(4,1)$，求 $a \cdot b$。

例 2 已知 $|a|=1$，$|b|=2$，a 与 b 的夹角为 $120°$，求 $a \cdot b$。

【变式 1】已知 $|a|=1$，$|b|=2$，a 与 b 的夹角为 $120°$，求 $|3a+4b|$ 的值。

【变式 2】已知 $|a|=1$，$|b|=2$，a 与 b 的夹角为 $120°$，当 k 为何值时，向量 $ka+3b$ 与 $ka-3b$ 垂直？

例 3 在 $Rt\triangle ABC$ 中，向量 $\overrightarrow{AC}=(3,2)$，向量 $\overrightarrow{BC}=(k,1)$，求实数 k 的值。

点评：在教师甲的选题中，例 1、例 2 属于基础题，主要作用是引导学生回顾向量数量积运算的基础知识。变式 1 考查向量模的一般求法（平方求模），变式 2 和例 3 考查向量夹角及垂直的计算，其中例 3 还涉及分类讨论思想，具有一定的难度。上述选题充分围绕数量积这一核心内容展开，因此复习比较有针对性，并且选题遵循先易后难、层层递进的原则，符合学生的认知规律。

二、从重、难、易错点的维度来选题

复习课的一个重要任务就是让重点得到进一步强化，让难点得到有效突破，让易错点得到及时纠正。因此，在选题时，可以紧扣这三点进行。当然，这三点的确定不仅要紧扣教材,而且要考虑具体的学情,不同层次的学生对难点、易错点的理解是有差异的。对平面向量内容的重点、难点、易错点剖析如图 2。

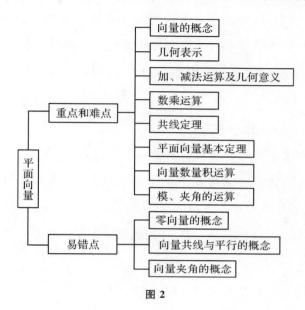

图 2

案例 2 教师乙的选题——向量运算的易错点

例 1 若向量 a,b,c 满足 $a/\!/b$ 且 $b/\!/c$,则向量 a,c 的位置关系是(   )

A. 同向   B. 反向   C. 平行   D. 以上都不对

易错点分析:作为一个特殊向量,零向量很容易被学生忽视。为了向量运算的完备性,平面向量中引入零向量的概念,并且规定零向量与任意向量都平行。因此若 $b=0$,则 a,c 不一定平行,本题的正确答案为 D。本题可以加深学生对零向量的认识。

例 2 已知下列命题:

①若 $k\in\mathbf{R}$,且 $kb=0$,则 $k=0$ 或 $b=0$;

②若 $a\cdot b=b\cdot c$,则 $a=c$;

③若不平行的两个非零向量 a,b 满足 $|a|=|b|$,则 $(a+b)\cdot(a-b)=0$;

④若 $a/\!/b$,则 $a\cdot b=|a||b|$。

其中真命题的个数是   (   )

A. 0   B. 1   C. 2   D. 3

易错点分析:学生易把向量数量积的运算律等同于实数乘法的运算律,误认为②是正确的,但实际上向量数量积运算不满足消去律;当两个向量平行时,学生容易忽视它们的方向,因此容易误认为④是正确的。概念的辨析历来是学生的软肋,本题有助于加深学生对平面向量相关概念的理解。

例 3 已知△ABC是正三角形,则$\overrightarrow{BC} \cdot \overrightarrow{AC} + \overrightarrow{AC} \cdot \overrightarrow{AB} + \overrightarrow{AB} \cdot \overrightarrow{BC} =$

( )

A. 1.5   B. −1.5   C. 0.5   D. −0.5

易错点分析:学生对向量夹角的概念认识不清,很容易造成错解。判断两个向量的夹角,应该将两个向量的起始点平移到同一点,因此本题中向量$\overrightarrow{AB},\overrightarrow{BC}$的夹角实际上是∠$B$的补角。本题可以强化学生对向量夹角的理解。

例 4 已知$a=(\lambda,2\lambda)$,$b=(3\lambda,2)$,如果a与b的夹角为锐角,则λ的取值范围是_____。

易错点分析:学生容易误把$a \cdot b > 0 (a \cdot b < 0)$作为判断向量夹角为锐角(钝角)的充要条件,而忽视向量夹角为0°和180°这两种特殊情况的存在。实际上,当两向量共线时同样满足$a \cdot b > 0 (a \cdot b < 0)$。本题有利于加深学生对向量夹角范围的理解。

点评:哲学家黑格尔说"错误本身乃是达到真理的一个必然的环节"。学生的数学学习是和错误相伴的过程,错误也是数学课堂永恒的话题。教师乙的选题从向量易错点入手,把学生的易错点当成一种教学资源,通过剖析错误,引导学生透过现象看本质,从而有效地避免学生在解题中重蹈覆辙。

三、从教育功能的维度来选题

数学的广泛应用决定了数学教育的多种功能。我们可以将数学教育的功能分为两类:一类是显性功能,主要是指数学表现在自然科学、社会科学等领域中的工具作用,即知识技术功能;另一类是隐性功能,表现为通过数学的教学潜移默化地提高人的综合素质,即文化素质功能。因此,我们在选题时应该充分关注所学知识的教育功能,即学生学了这部分知识有什么用。选题时从教育功能的维度入手,有助于复习课思维层次的提升,使复习课充满新意。对平面向量的教育功能的剖析如图3。

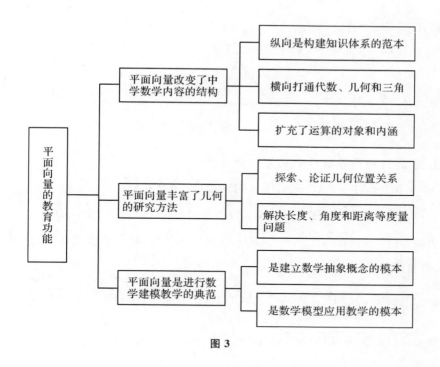

图 3

案例 3　教师丙的选题——从几何角度审视向量数量积

例　如图 4,在△ABC 中,$AB=2$,$AC=4$。

(1)若∠$BAC=60°$,求$\overrightarrow{AB} \cdot \overrightarrow{AC}$的值;

(2)若 P 为线段 BC 的中点,求$\overrightarrow{AP} \cdot \overrightarrow{BC}$的值。

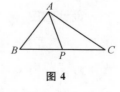

图 4

解析:(1)略。

(2)$\overrightarrow{AP} \cdot \overrightarrow{BC}=\dfrac{1}{2}(\overrightarrow{AB}+\overrightarrow{AC}) \cdot (\overrightarrow{AC}-\overrightarrow{AB})=\dfrac{1}{2}(\overrightarrow{AC}^2-\overrightarrow{AB}^2)=6$。

设计意图:通过本题引导学生回顾向量数量积、基向量思想等基础知识,为后续复习做好铺垫。

【变式 1】(2)若 P 为△ABC 的外心,求$\overrightarrow{AP} \cdot \overrightarrow{BC}$的值。

方法 1:构造辅助向量。

如图 5,设 AD 是 BC 边上的中线,

连接 PD,则$\overrightarrow{AP}=\overrightarrow{AD}+\overrightarrow{DP}$,

那么$\overrightarrow{AP} \cdot \overrightarrow{BC}=(\overrightarrow{AD}+\overrightarrow{DP}) \cdot \overrightarrow{BC}=\overrightarrow{AD} \cdot \overrightarrow{BC}+\overrightarrow{DP} \cdot \overrightarrow{BC}$。

因为 P 是外心,D 是 BC 的中点,所以$\overrightarrow{DP} \perp \overrightarrow{BC}$,则$\overrightarrow{DP} \cdot \overrightarrow{BC}=0$,

则 $\overrightarrow{AP} \cdot \overrightarrow{BC} = \overrightarrow{AD} \cdot \overrightarrow{BC} = 6$。

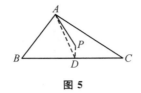

图 5

方法 2：借助向量数量积的几何意义。

$$\overrightarrow{AP} \cdot \overrightarrow{BC} = \overrightarrow{AP} \cdot (\overrightarrow{AC} - \overrightarrow{AB}) = \overrightarrow{AP} \cdot \overrightarrow{AC} - \overrightarrow{AP} \cdot \overrightarrow{AB}$$
$$= |\overrightarrow{AC}||\overrightarrow{AP}|\cos\langle\overrightarrow{AC},\overrightarrow{AP}\rangle - |\overrightarrow{AB}||\overrightarrow{AP}|\cos\langle\overrightarrow{AP},\overrightarrow{AB}\rangle,$$

因为 $|\overrightarrow{AP}|\cos\langle\overrightarrow{AC},\overrightarrow{AP}\rangle$ 和 $|\overrightarrow{AP}|\cos\langle\overrightarrow{AP},\overrightarrow{AB}\rangle$ 分别表示向量 $\overrightarrow{AP}$ 在向量 $\overrightarrow{AC}$ 和 $\overrightarrow{AB}$ 上的投影，

所以 $|\overrightarrow{AP}|\cos\langle\overrightarrow{AC},\overrightarrow{AP}\rangle = \frac{1}{2}|\overrightarrow{AC}|$，$|\overrightarrow{AP}|\cos\langle\overrightarrow{AP},\overrightarrow{AB}\rangle = \frac{1}{2}|\overrightarrow{AB}|$，

所以 $\overrightarrow{AP} \cdot \overrightarrow{BC} = \overrightarrow{AP} \cdot \overrightarrow{AC} - \overrightarrow{AP} \cdot \overrightarrow{AB} = \frac{1}{2}\overrightarrow{AC}^2 - \frac{1}{2}\overrightarrow{AB}^2 = 6$。

结论：在 $\triangle ABC$ 中，若 P 为线段 BC 垂直平分线上的任意一点，则 $\overrightarrow{AP} \cdot \overrightarrow{BC} = \frac{1}{2}\overrightarrow{AC}^2 - \frac{1}{2}\overrightarrow{AB}^2$。

设计意图：通过变式，进一步强化"基向量"的思想，使学生感受"形变而质不变"的哲学思想；通过一题多解，进一步拓展学生的解题思维，使学生感到"条条大路通罗马"；通过引导学生观察、思考、分析，揭示隐藏在问题背后的真相，使学生感受"豁然开朗"的美妙。

点评：教师丙选题的最大特点是"切口小，视角新"。"切口小"主要体现在从问题出发，重点研究平面向量在解决几何问题时的应用，重点强化数形结合思想及基向量思想；"视角新"主要体现在以新的问题为线索串联旧知识，构建学生知识的生长点。这种设计理念既实现了对原有知识内容的归纳与整理，又使复习课成为在教师引导下的"再创造"过程，符合华罗庚教授提出的"从另外一个角度进行复习"，给学生带来新鲜感，促使学生多角度思考问题，达到了高层次复习的效果。

总之，数学复习课的选题不仅要精心设计、认真挖掘，而且要紧扣上述三个维度。这三个维度不是相互割裂的，而是有机的整体，在具体运用时应做到综合考量，统筹兼顾。

"通性通法"教学重在"回归自然"①

——从两则教学案例谈起

通性通法是指具有某种规律性、普遍性的常规数学解题模式或常用解题方法。数学解题教学要"淡化特殊技巧,注重通性通法"的观点也得到越来越多教师的认可。在这种教学观的指导下,学生不仅可以跳出"题海",集中精力在理解数学的本质上下功夫,而且可以达到"练一题,学一法,会一类,通一片"的目的。但我们也应该看到,由于很多教师对"通性通法"的认识存在不足,因此在开展"通性通法"教学时难免出现偏差。

一、两则教学案例

例 1 已知 $f(2x+1)=x^2-2x$,求 $f(x)$ 与 $f(2x-1)$ 的解析式。

这是一堂关于函数表达式的习题课,教学对象是高一学生。

学生解法:设 $f(x)=ax^2+bx+c(a\neq 0)$,

则 $f(2x+1)=4ax^2+(4a+2b)x+a+b+c=x^2-2x$。

易得 $4a=1,4a+2b=-2,a+b+c=0$,解得 $a=\dfrac{1}{4},b=-\dfrac{3}{2},c=\dfrac{5}{4}$,

所以 $f(x)=\dfrac{1}{4}x^2-\dfrac{3}{2}x+\dfrac{5}{4},f(2x-1)=x^2-4x+3$。

师:为什么要设"$f(x)=ax^2+bx+c(a\neq 0)$"?

---

① 本文发表于《中学数学》2013 年第 3 期。

生：因为可以推测 $f(x)$ 一定是二次函数，如果 $f(x)$ 不是二次函数，则 $f(2x+1)$ 的解析式也不会是二次函数。

师：你证明过你的推测吗？

生：没有，但我想应该是的。

师：想的不一定都对，数学是严密的，需要证明。

生：……（无言以对）

师：你的这种方法稍显烦琐，尽管答案是正确的。下面我介绍一下这道题目的标准解法，大家仔细听。

教师解法：设 $2x+1=t$，则 $x=\dfrac{t-1}{2}$，

所以 $f(t)=\left(\dfrac{t-1}{2}\right)^2-2\left(\dfrac{t-1}{2}\right)=\dfrac{1}{4}t^2-\dfrac{3}{2}t+\dfrac{5}{4}$，

把 t 换回 x，即得 $f(x)=\dfrac{1}{4}x^2-\dfrac{3}{2}x+\dfrac{5}{4}$，

进一步得 $f(2x-1)=x^2-4x+3$。

很多学生感到疑惑，提出以下问题。

生 1：为什么要设 $2x+1=t$？

生 2：求出的是 $f(t)$，为什么变成了 $f(x)$？

例 2 已知 $f(x)$ 的定义域为 **R**，当 $x<0$ 时，$f(x)=x^2+x-2$。

(1)若 $f(x)$ 是偶函数，当 $x>0$ 时，求 $f(x)$ 的解析式；

(2)若 $f(x)$ 是奇函数，求 $f(x)$ 的解析式。

这是一堂关于函数奇偶性的习题课，教学对象也是高一学生。教师展示问题后，让一名学生进行板演，其他学生在下面解答。

学生解法：先画出 $f(x)=x^2+x-2(x<0)$ 的图象，然后根据对称性画出 $x>0$ 部分的图象（如图 1、图 2），最后观察图象，求出相应的解析式。

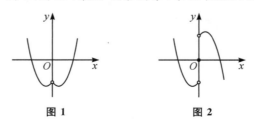

图 1　　　　图 2

(1) $f(x)=x^2-x-2(x>0)$。

(2) $f(x)=\begin{cases} -x^2+x+2, & x>0, \\ 0, & x=0, \\ x^2+x-2, & x<0。 \end{cases}$

教师发现,绝大部分学生都采用先画图再求解析式的方法。于是他让学生抬起头,集中注意力,听他讲解这类题目的标准解法。

师:我发现大家采用的都是先画图再求解析式的方法,但显然这种方法不够严密,并且有相当大的局限性。若求的是陌生函数的解析式,你能作出它的图象吗?

生:不能。

师:下面我为大家讲解这道题目的标准解法。

教师解法:(1)设 $x>0$,则 $-x<0$,所以 $f(-x)=(-x)^2-x-2=x^2-x-2$。

因为 $f(x)$ 是偶函数,则 $f(x)=f(-x)=x^2-x-2$,

所以 $f(x)=x^2-x-2(x>0)$。

(2)设 $x>0$,则 $-x<0$,所以 $f(-x)=(-x)^2-x-2=x^2-x-2$。

因为 $f(x)$ 是奇函数,则 $f(x)=-f(-x)=-x^2+x+2(x>0)$。

又因为 $f(x)$ 的定义域为 **R** 且是奇函数,所以 $f(x)=0$。

因此函数的解析式为 $f(x)=\begin{cases} -x^2+x+2, & x>0, \\ 0, & x=0, \\ x^2+x-2, & x<0。 \end{cases}$

师:大家清楚了没有?

学生一脸茫然。

生1:"设 $x>0$,则 $-x<0$"是什么意思,为什么要这么做?

生2:怎么一会儿是 $f(x)$,一会儿是 $f(-x)$?搞不清楚。

生3:我觉得这种方法好奇怪。

以上两例通性通法的教学只能用"简单、粗暴"来形容。"简单"主要体现在通性通法教学时不注重策略,省去了必要的铺垫和引导;"粗暴"体现在教师无视学生的认知规律和原有的知识水平,强行"推销"他所认为的通性通法,置学生心理感受于不顾,使得通性通法的教学异化为对标准解法的追求。

二、急功近利,欲速不达

通性通法教学为何会出现上述现象呢?究其背后的原因,无非是教师在教学中追求速成,急功近利。为了追求所谓的高效,让学生快速达到掌握标准解法的目的,教师对教学的处理可谓"精打细算",能省则省。就上述两个案例而言,授课的对象是高一学生,他们的数学思维不够成熟,知识储备不够丰富,在解题时难免会走弯路,冒出教师眼中那种"不合时宜"的解法。而教师却没有耐心审视学生的思路和解法,利用"简单而粗暴"的手段"快刀斩乱麻",希望快速规范和强化高一学生的解题思路,从而让通性通法成为学生唯一的选择。但事实上,这样的速成之道严重阻碍了通性通法的教学,使得教学效果大打折扣。

数学教学不是一蹴而就的,而是一种长期的"经营策略",是一种潜移默化、螺旋上升的过程。课堂不仅是教师传授知识的地方,还应该是激发学生求知欲、展现学生自我风采的舞台。通过课堂上学生表现出的迷茫和疑惑可以看出,教师这种"只重结果,不重过程"的短视行为对于提升学生对通性通法的认同感并没有帮助,不仅使得通性通法成了学生眼里的"怪方法",而且严重抑制了学生数学思维的发展。

三、只见树木,不见森林

在实际操作中,总结和发现通性通法并不是一件容易的事,很多教师经常陷入"只见树木,不见森林"的尴尬境地。以上述两个教学案例为例,在教师眼里似乎只有两道题的解法属于通性通法的范畴,却没有认识到在教学过程中所展现的其他数学思想方法也是通性通法,而它们的价值和地位可能远远高于这两道题本身的解法。

对于例 1,我们不得不佩服学生的解题直觉,一看到 $f(2x+1)=x^2-2x$,马上联系已学过的几个函数,并且大胆推测 $f(x)$ 是二次函数,这正是合情推理思想在数学解题中的具体体现,这难道不是我们在整个高中阶段所倡导的通性通法吗?合情推理的实质是"发现—猜想",学生在解决问题时看似不按逻辑程序思考,但实际上,这是学生把自己的经验与逻辑推理方法有机整合起来的一种跳跃性的表现形式。合情推理在高中阶段通常不会像演绎推理那样受到师生的重视,教师本可以借此唤醒学生对合情推理的认知,尽管学生在应用的过程中存在不严密之处,但完全可以在教师的引导下予以严格证明,从而证实猜想的正确性。但遗憾的是,教师并没有做到这一点。

对于例 2,数形结合思想是高中最基本的数学思想之一,当然也是重要的通性通法。学生能够想到从图形入手,通过观察、分析等思维过程解决问题,对高一新生来说已经难能可贵了,尽管这种思想方法存在较大的局限性。作为教师,应该对学生的解法给予高度的评价,强化学生数形结合的意识。但遗憾的是,教师也没有做到这一点。

四、回归自然,螺旋上升

我们应该如何把握通性通法的教学?

首先,通性通法教学应该回归自然。通性通法之所以被称为通性通法,是因为它常常从基本概念、原理出发,以基础知识为依托,以基本方法为骨架,按照既定的步骤,逐步推出问题的答案,它顺应一般的思维规律,具体操作过程易于为多数学生所掌握。因此,在教学中应注意通过启发和引导,为学生讲清楚每种通法产生的过程,这样更有利于学生理解通法的本质,从而使学生感到通法自然、流畅,易于理解和运用。以例 2 为例,教师的解法确实是学生应该掌握的通性通法,但这种方法涉及一些对高一新生来说很陌生的数学思想方法,如"设 $x>0$",然后转换成"$-x<0$",代入已知解析式求出未知的解析式,这种"设未知—变已知—代已知—求未知"的解题思路实际上是化归思想的具体表现,对刚刚接触函数不久的学生来说,理解起来确实有很大的困难。这就需要教师加强引导,帮助学生厘清解题思路,让学生感受到解题方法是自然合理的。

其次,通性通法教学要遵循螺旋上升原则。中学数学常用的通性通法有换元法、配方法、待定系数法、参数法、消元法、特殊值法等,涉及的数学思想包括转化思想、方程思想、数形结合思想、分类讨论思想、合情推理思想等。通性通法涉及的内容既丰富又琐碎,因此在教学中切勿急功近利,而是要遵循学生的认知规律,采取由易到难、由具体到抽象的策略。比如,高一学生刚刚开始接触数学,抽象思维相对薄弱,让学生形成从具体图形入手解决数学问题的思维习惯,就是这个阶段最为重要的通性通法。随着学生思维水平的不断提升,数学视野的不断拓展,教师可以引领学生探索更为抽象的数学思想方法,从而逐步摆脱具体图形的束缚,最终实现数与形的完美融合,让学生领悟数形结合思想的精髓。又比如,判断函数单调性的方法很多,其中,高一新生应该掌握的通性通法是利用单调性的定义直接判定;随着函数学习的不断深入,利用复合函数的性质判断函数单调性就会成为新的通性通法;到了高二,学生接触到导数的知识后,利用导数判断函数单调性会成为最主要的通性通法。这正是螺旋上升原则的具体体现。

日本教育家米山国藏认为:"成功的数学教学,应当使数学精神、思想方法深深地、永远地铭刻在学生的头脑里,长久地活跃于他们日常的业务中,虽然那时数学的知识已经淡忘。"通性通法教学只有回归自然,才能让学生铭记于心。

数学解题教学之"取势、明道、优术"①

——以"平面向量共线定理的应用"为例

"取势、明道、优术"是我国古代重要的哲学思想,其内涵简而言之就是"明确方向,把握规律,办事有方"。章建跃博士提出了数学教育应"取势、明道、优术",意指教师要顺应数学教育改革的潮流,懂得数学育人的原则,掌握提高数学教学质量的规律,提高教育教学能力,优化数学教学方法。在数学教育中,无论是概念的形成,定理、公式、结论的推导,还是过程、方法的探索,都离不开解题教学,毫不夸张地讲,"掌握数学就意味着善于解题"。纵观当前数学解题教学,"教师示范讲解,学生模仿练习"依旧是课堂的"主旋律","题海战术"依旧是应对考试的"法宝"。为何数学教育教学改革风起云涌,而数学解题教学却还在墨守成规?我们不禁要思考:数学解题教学该如何"取势、明道、优术"?

一、"主题+例题",取解题之势

数学解题过程既包含了以获得问题答案为目标的大脑自适应加工过程,也包括了基于解决问题的方法感悟和总结的大脑自组织加工过程。数学解题学习是有意义学习,其实质应该是数学的语言或符号所代表的新知识与学习者认知结构中已有知识之间建立的非人为的实质性的联系。因此,解题教学的"势"在于教会学生如何在新旧两方面之间建构起非人为的实质性的联系,这种联系包括新旧知识的同化与顺应、新旧问题意义的同化与顺应、新旧解题方法的同化与顺应、新旧解题策略的同化与顺应等。

---

① 本文发表于《教学月刊》2016 年第 6 期。

1. 明确主题，顺势而为

数学解题教学要有"主题"，明确主题有利于细化目标、分解难度，可以避免解题教学的杂乱无章与盲目重复。解题教学的主题可以从三个维度来确定。一是从知识系统的维度来选择主题，放眼全局，保证解题教学不偏题；二是从重点、难点、易错点的维度来选择主题；三是从教育功能的维度来选择主题，发挥数学知识在解题中的工具作用，提升学生的解题思维层次。以"平面向量共线定理的应用"为例，表述如下。

向量是形与数的高度统一，它集几何图形的直观与代数运算的简捷于一身，在解决平面几何问题时有着奇特的功效。选择以"平面向量共线定理的应用"为主题，更凸显了其对于判断平面内点、线之间位置关系的工具作用。

2. 精选例题，谋势而动

解题教学的主题是通过例题呈现的，例题选择显得尤为重要。选择例题时，不仅要考虑例题本身的教学价值，而且要考虑学生已有的知识结构和理解能力。例题的选择一般遵循"入口宽，多层次"的原则，即例题思考角度与解题方法应具有多样性，不会令学生感到无从下手；例题之间应具有层次性，由浅入深，逐步展开，这种层次性不仅体现为逻辑的层次性，还体现为思维生成的层次性。以"平面向量共线定理的应用"为例，选题如下。

例 1 如图 1，在平行四边形 $ABCD$ 中，E，F 分别是 AD，DC 的中点，BE，BF 分别与 AC 交于 R，T 两点，你能发现 AR，RT，TC 之间的关系吗？

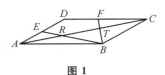

图 1

例 2 如图 2，已知 $\triangle ABC$，$\overrightarrow{OC}=\dfrac{1}{4}\overrightarrow{OA}$，$\overrightarrow{OD}=\dfrac{1}{2}\overrightarrow{OB}$，$AD$ 与 BC 交于点 M，设 $\overrightarrow{OA}=\boldsymbol{a}$，$\overrightarrow{OB}=\boldsymbol{b}$。

(1) 试用 $\boldsymbol{a}$，$\boldsymbol{b}$ 表示 $\overrightarrow{OM}$；

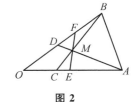

图 2

(2) 在线段 AC 上取一点 E，在线段 BD 上取一点 F，使 EF 过点 M，设 $\overrightarrow{OE}=\lambda\overrightarrow{OA}$，$\overrightarrow{OF}=\mu\overrightarrow{OB}$，求证：$\dfrac{1}{7\lambda}+\dfrac{3}{7\mu}=1$。

例 3 如图 3，A，B，C 是半径为 1 的圆 O 上的三点，线段 OC 与线段 AB 交于圆内一点 M，若 $\overrightarrow{OC}=m\overrightarrow{OA}+n\overrightarrow{OB}$

图 3

$(m>0,n>0)$，$m+n=2$，则 OM 的长度为_____。

【变式1】给定两个长度为 1 的平面向量 $\overrightarrow{OA}$ 和 $\overrightarrow{OB}$，它们的夹角为 $120°$。如图 4，点 C 在以 O 为圆心的圆弧 AB 上运动。若 $\overrightarrow{OC}=x\overrightarrow{OA}+y\overrightarrow{OB}$，其中 $x,y\in\mathbf{R}$，则 $x+y$ 的最大值是_____。

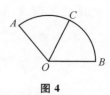

图 4

【变式2】如图 5，A,B,C 是圆 O 上的三点，线段 CO 的延长线与线段 BA 的延长线交于圆 O 外的点 D，若 $\overrightarrow{OC}=m\overrightarrow{OA}+n\overrightarrow{OB}$，则 $m+n$ 的取值范围是（　　）

A. $(0,1)$

B. $(1,+\infty)$

C. $(-\infty,-1)$

D. $(-1,0)$

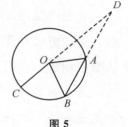

图 5

意图：例 1 既可以用传统的几何法解，又可以用向量法（平面向量共线定理）解，通过制造"解法选择"的困惑，为后续的解题"造势"；例 2 用传统的几何法很难有所作为，这说明向量法在解题时更具一般性；通过变式，学生可以进一步熟悉平面向量共线定理的应用，熟能生巧。

二、"尝试十碰撞"，明解题之道

解题教学中的"非人为的实质性的联系"不可能通过被动学习来获得，因此学生不可能靠教师讲解几道例题就依葫芦画瓢解决所有的问题。它应该是学生在解题过程中独立感悟出来的，在亲身实践中通过积极探索、努力发现、不断概括、逐步积累来获得。

1. 尝试解答，自主求道

教师在解题教学时，先让学生尝试解答，让学生在原有知识的基础上，通过自己的努力寻求问题的解决之道。这不仅可以暴露学生思维的潜在问题，还可以使学生自主完成内化过程，而这正是教师把正确解法直接灌输给学生无法实现的。

对于例 1，易猜得 $AR=RT=TC$，学生很容易想到传统的几何法：证明三角形相似,或连接 BD,利用 R,T 是三角形的重心,快速得到结果。相比较而言,向量法就不那么简洁了。若为了快速达成解题目标,强行"推销"向量法,就显得"名不正言不顺",无法使学生信服。本题只是起到抛砖引玉的作用,让学生初步认识到向量法可以解决平面几何问题。

2.碰撞交流,合作辨道

解题方法与策略的学习并不是靠教师强行灌输、学生模仿接受就可以实现的。解题方法孰优孰劣,要在思维的碰撞和比较辨别中才能见分晓。只有学生认为实用的、方便快捷的解题方法,才会被其主动纳入原有的认知结构中。

对于例 2,经过尝试,学生发现传统的几何法对这类"点的位置不特殊"的图形无能为力。借此机会,教师可以引导学生尝试用向量法,通过合作学习、成果展示的形式,明确向量法的解题步骤。至此,学生发现向量法与几何法相比更具一般性与灵活性,从而明确了此类题目的"道"。

三、"熟用十活用",优解题之术

"术"的基本解释是方法、技艺,如技术、艺术、学术、战术等,是知识、经验、技术、方法、手段等的集合体,是提高办事效率的技巧。学生"明道"后,接下来就是把例题的解法提炼成一般的操作方法和策略,从而掌握"一类题目"的解法,这就是解题教学中的"术"。

1.熟用性质,形成技术

在反复运用相同的解题方法与技巧的过程中,学生会逐步领悟解题方法的精髓,进而不断总结相关规律与方法,最终形成完整的解题技术。

总结例 2,可以得到以下结论:解此类题目的关键是找到两组满足三点共线条件的点,然后联立方程,最后解方程;涉及的主要思想方法有待定系数法、基底思想、等价转化思想。

至于例 3,只要熟用平面向量共线定理就可以解决,给出两种方法如下。

方法 1:

$$\overrightarrow{OC}=m\overrightarrow{OA}+n\overrightarrow{OB}\Rightarrow\frac{\overrightarrow{OC}}{2}=\frac{m}{2}\overrightarrow{OA}+\frac{n}{2}\overrightarrow{OB},由\frac{m}{2}+\frac{n}{2}=1\ 得\ OC\ 的中点与点$$

A,B 共线。M 是 OC 与 AB 的交点，则 M 就是 OC 的中点，所以 $|\overrightarrow{OM}|=\dfrac{1}{2}$。

方法 2：

$$\overrightarrow{OC}=\dfrac{\overrightarrow{OM}}{|\overrightarrow{OM}|}\Rightarrow\dfrac{\overrightarrow{OM}}{|\overrightarrow{OM}|}=m\overrightarrow{OA}+n\overrightarrow{OB}\Rightarrow\overrightarrow{OM}=m|\overrightarrow{OM}|\overrightarrow{OA}+n|\overrightarrow{OM}|\overrightarrow{OB},$$

因为 A,B,M 三点共线，所以 $m|\overrightarrow{OM}|+n|\overrightarrow{OM}|=1\Rightarrow|\overrightarrow{OM}|=\dfrac{1}{2}$。

2.活用变式，优化战术

事物的非本质属性经常处于变化中，其本质属性则相对稳定。变式训练可以排除题目非本质属性的干扰，消除思维定式，从而使学生的解题思维趋于灵活。

几个变式与例 3 在解题思路上并无不同，当然，对于选择题与填空题，还可以"小题小做"。

变式 1：先找特殊位置，当点 C 位于弧 AB 的中点处时，$\overrightarrow{OC}=\overrightarrow{OA}+\overrightarrow{OB}$，此时 $x=y=1\Rightarrow x+y=2$。

若点 C 在其他位置，如图 6，根据向量加法的平行四边形法则，作图发现 x,y 的值呈现"一增一减"的变化，并且减少的幅度比增加的幅度大，所以 $x+y<2$，猜得 $x+y$ 的最大值为 2。

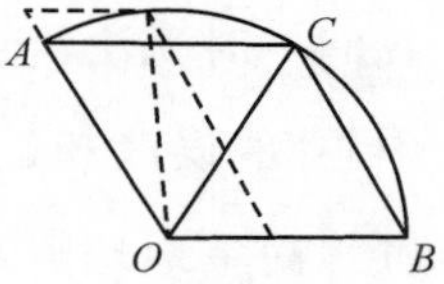

图 6

变式 2：由于点 C 在 OD 的反向延长线上，可得 $m+n$ 的值必为负，排除 A，B。考虑特殊情况，当 $\overrightarrow{OC}$ 与 $\overrightarrow{OB}$ 垂直，$\angle AOB=60°$ 时，容易求得 $m+n=-\dfrac{\sqrt{3}}{3}$，故选 D。

通过变式，学生不仅巩固了平面向量共线定理的应用，还有了新的收获："找特殊位置，关注临界状态"是解决动态问题的简便方法。

最后需要指出，在解题教学中，要辩证地看待"取势、明道、优术"的关系。取势务虚，明道求实，虚实结合，方可行事；以道统术，以术得道，相得益彰。取势、明道、优术并重，数学解题教学方能有所突破。

数学解题教学不只是"解题"①

——由一次县优质课评比引发的思考

    解题教学是数学教学的重要组成部分。波利亚认为:"掌握数学就意味着善于解题。"罗增儒也认为:"数学学习中真正发生数学的地方都一无例外地充满着数学解题活动。"由此可见解题教学在促进学生数学思维发展方面的重要地位与作用。针对解题教学,学术界一直存在"是方法的传递还是思维的培养""是坚持题海战术还是精讲精练""是以方法统摄问题还是以问题传授方法"等争议,虽然我们一时无法给这些"争议"以权威的定论,但当前数学解题教学正走向"以题为中心"的误区却是不争的事实,即把数学解题教学简单地等同于"解题",把教学过程简单地理解为"讲题—听题—练题"的过程。笔者参加过一次县数学优质课评比,授课的主题是高三第一轮复习"导数的综合应用",笔者观摩了八位教师的教学过程,发现"以题为中心"大行其道。

一、被"题"绑架的数学解题教学

1.教学主题:盲目追求问题的难度

    确定主题是解题教学的第一步,选题要立足于重点、难点、热点问题,不求面面俱到,力求"小而精"。对"导数的综合应用"而言,切线、单调性、极值(最值)是三个重点知识模块,也是三大选题方向,从这三个方向出发,可以衍生出一系列的主题,比如曲线的切线、函数单调区间的分类讨论、已知单调性求参数的取值

---

① 本文发表于《数学通讯》2021 年第 12 期。

范围、求含参数函数的极值、求函数的最值、解函数不等式等。当然,上面这些都属于比较基础的主题,还有一些拓展主题,比如隐零点的处理、极值点的偏移、同构函数的应用、函数放缩等。这些拓展主题难度高、技巧性强,需要学生具备较高的思维水平与运算水平。

第一轮复习伊始,学生对导数的认知水平远没达到拓展主题的层次。笔者本以为这次比赛中基础主题会成为主流,但出乎意料的是,拓展主题成了"香饽饽",在八位教师中,有四位教师选择了隐零点问题,一位教师选择了同构函数,一位教师选择了函数放缩,只有两位教师选择了比较基础的函数单调性问题,真是"题不难人不罢休"。这种现象在一些公开课、示范课、教学评比中尤为突出。教师倾向于拿"题"作文章,认为只有"难题"才能引发学生的思考,才能引起听课老师的注意,才能上出新的"花样"。这种无视学情、一味追求难度的行为,除了能够展示教师高超的解题技巧外,对学生解题水平的提升几乎没有实质性帮助。

2. 教学过程:就题论题、就题论法

解题教学通常以典型例题为载体,通过示范讲解,向学生传授技巧与方法;学生则通过听题、做题,掌握解题的"套路"。不同的教师对教学流程的设置与细节的处理虽然存在一定的差异,但都可以归结为"就题论题"与"就题论法"两种形式。

"就题论题"主要表现为以解题为主要任务,以获得正确答案为最终目标,获得答案后,解题任务自动转向下一题。"就题论题"就是寄希望于大量刷题,以达到"熟能生巧"的目的。但实践证明,重复、大量做题不仅容易使学生陷入"题海",而且容易导致教学碎片化,令学生无法形成系统认知,使学生思维僵化。因此,"就题论题"一直饱受诟病,一般教师都会尽力避免。但在本次比赛中,还是有教师"就题论题"。

例 1 已知函数 $f(x)=\ln x+x^2+ax$,若 $a<0$,$f(x_1)+f(x_2)=\dfrac{1}{2}(x_1+x_2)^2-$ $\ln 2e$,且 $x_1+x_2\leqslant 2$,证明:$\max\left\{-(x_2+2a),\dfrac{1}{e^4 x_2}\right\}\leqslant x_1$。

这道题目的难点在于建立条件与结论之间的关联,学生对此十分茫然,于是这堂课就成了教师个人的"表演"。

教师不断启发,反复提醒,最后直接告知,问题才逐步得到转化。

第一次转化:已知$\frac{1}{2}(x_1+x_2)^2+a(x_1+x_2)=2x_1x_2-\ln x_1x_2-\ln 2e$,若$a<0$,且$0<x_1+x_2\leqslant 2$,证明:$x_1+x_2\geqslant -2a$且$x_1x_2\geqslant\frac{1}{e^4}$。

即对条件$f(x_1)+f(x_2)=\frac{1}{2}(x_1+x_2)^2-\ln 2e$,将$x_1$,$x_2$代入化简。

第二次转化:已知$\frac{1}{2}m^2+am=2n-\ln n-\ln 2e$,若$a<0$,且$0<m\leqslant 2$,证明:$m\geqslant -2a$且$n\geqslant\frac{1}{e^4}$。

即在第一次转化的基础上,令$x_1+x_2=m$,$x_1x_2=n$。

至此,解题方向终于得以明确。接着教师又颇费力气,卖力讲解和运算,才得出了正确的答案。

不难发现,授课教师最大的问题不仅是"就题论题",其教学难度也远远超过了一轮复习的要求。虽然勉强给出了答案,但上述"变形转化"逻辑上是有问题的,经过"$x_1+x_2=m$,$x_1x_2=n$"的代换,x_1+x_2,x_1x_2原本的关联性被剥夺,变成了两个独立的变量m,n,与原题相比,题意发生了改变。教师也意识到了这个问题,他把这个问题留给了学生,让学生课后思考"为什么可以这样转化"。这位教师花了一节课时间,解了一道题,最后问题还是没有得到彻底解决。不是选题太难,还能是其他原因吗?

"就题论法"是当前解题教学的主流,主要表现为以解题为主要手段,通过一题多解、多题一解等策略,达到传授解题技巧与方法的目的。"就题论法"虽然重视对解题思想方法的剖析,但在实际操作中,很容易异化为解题方法的罗列,一道题给出三四种甚至十余种方法,至于学生能掌握几种方法,各种方法之间有什么联系、孰优孰劣,如何选择合适的方法,却很少引起重视。其结果很可能是教师讲了一大堆方法,学生还是习惯用自己"喜欢"的方法。在本次比赛中,就有一位教师出现了这样的问题。

例2 证明:$e^{-x}>-\frac{1}{2}x^2+\frac{5}{8}$。

对于这个问题,授课教师首先讲了最常用的构造函数法:

直接构造,令$f(x)=e^{-x}+\frac{1}{2}x^2-\frac{5}{8}$,

变形构造，令 $f(x) = \left(\dfrac{1}{2}x^2 - \dfrac{5}{8} \right) e^x$，

从而把问题转化为求函数 $f(x)$ 的最值。

在对 $f(x)$ 求导时，会遇到极值点不易求的情况，于是教师补充了"隐零点"知识；接下来，教师讲了"图象法"，观察图象发现只需要证明 $(e^{-x})_{\min} >$ $\left(-\dfrac{1}{2}x^2 + \dfrac{5}{8} \right)_{\max}$ 即可；最后，教师讲了"放缩法"，借助切线不等式 $e^x \geqslant 1 + x + \dfrac{x^2}{2}$ 进行放缩转化。

尽管讲了这么多方法，但在随后的反馈中发现，多数学生还是采用直接构造函数的方法。

二、解题教学的"破题"之道

不论是教学主题的确定，还是教学过程的设计，教师更热衷于关注"题"本身，这种"以题为中心"的教学观使得数学解题教学逐步远离数学教学的初衷。"破题"之道就是恢复解题教学的原有功能。教学活动是教师按照一定的教学原则，通过恰当的教学方法和教学内容，向学生传授客观知识，锻炼学生的技能，从而达到启迪智慧、引导正确的价值实现、激发积极情感体验的目的的过程。教学活动是建立在师生互动、生生互动基础上的一项复杂认知活动，其功能不只是传授知识与技能，解题教学也是如此。

这次比赛中，有一位教师的教学设计就很好地体现了这一理念。他选择的是具有一定难度的拓展主题——切线不等式 $e^x - 1 \geqslant x \geqslant \ln(x+1)$，但教学重心放在"不等式的发现与证明"上，因此他的授课不仅没有超出学生的认知水平，反而摆脱了"题"的束缚。笔者以这节课为例，谈谈对此的看法。

1. 凸显育人的价值

数学新课标提出了"数学育人"的目标，其指向的"育人"不仅仅是以掌握数学知识为目的"知识育人"，更是关注引发学生情感共鸣的"德育育人"。

这位教师先呈现"励志"公式 $(1+0.01)^{365} = 37.78\cdots$，$(1-0.01)^{365} = 0.0255\cdots$，让学生思考这组公式反映的人生哲理，然后总结公式蕴含的人生哲理，最后提出"数学语言的魅力在于用最简洁的符号表达最深刻的道理"。

接下来,这位教师又问:"'励志'公式是否符合生活现实?"这让学生认识到"人不可能一直进步下去,而是到了一定的程度就趋于平稳"的事实。然后教师提出对"励志"公式进行升级优化的思考,最后创设情境,获得升级版的"励志"公式。具体过程如下。

假设小明初始的学习水平为1,年进步幅度为100%,那么一年后小明的学习水平是多少?

(1)若小明一年进步一次,一年后的学习水平为$1+100\%=2$;

(2)若小明半年进步一次,一年后的学习水平为$\left(1+\dfrac{1}{2}\right)\left(1+\dfrac{1}{2}\right)=\left(1+\dfrac{1}{2}\right)^2=2.25$;

(3)若小明每个月进步一次,每天进步一次,每小时进步一次,每秒进步一次……计算一年后小明的学习水平;

(4)通过上述计算,你有什么发现?

学生容易发现,随着进步幅度的缩小,进步频率的增加,学习水平会呈现递增趋势,但不会一直增加,最后达到$\left(1+\dfrac{1}{n}\right)^n \to e$(e是自然常数)。教师最后给出总结"只有时时刻刻努力,才能取得最大的进步",以此激励学生。

上述设计的最大亮点在于,在优化"励志"公式的过程中,揭示了数学与哲学、数学与人生的关系,帮助学生树立了积极的学习观与正确的价值观,充分体现了数学的育人价值。

2.深化概念的认知

由于考试只考"解题",而不会直接考"概念",因此,"概念"教学在数学解题教学中通常被忽视。李邦河院士指出:"数学根本上是玩概念,不是玩技巧,技巧不足道也!"概念才是数学的核心,解题只是概念的衍生与应用,若没有概念作为基础,解题与解题教学就无从谈起。当然,解题教学中的概念教学不是"炒冷饭",要在对概念进行深入挖掘与拓展的基础上,让学生认清概念的本质,从而获得新的认知。

在发现$\left(1+\dfrac{1}{n}\right)^n \to e$后,教师没有急于引出"切线不等式"的概念,而是指出:"e普遍存在于自然现象中,这就是e被称作自然常数的理由。"于是困扰学生已久的"e 的由来"问题得到了解答；接下来，让学生思考并证明不等式 $\left(1+\dfrac{1}{n}\right)^n$

$<e$，引导学生对不等式进行等价变形 $n\ln\left(1+\dfrac{1}{n}\right)<1\Leftrightarrow\ln\left(1+\dfrac{1}{n}\right)<\dfrac{1}{n}\Leftrightarrow$

$\ln(1+x)<x$，构造函数 $f(x)=\ln(1+x)-x$，实现对不等式的证明；最后，根据指数与对数互为逆运算，得到了另一个切线不等式 $1+x<e^x$。验证等号成立之后，不等式链 $e^x-1\geqslant x\geqslant\ln(x+1)$ 的证明就完成了。

　　一般来说，教师对于切线不等式 $e^x-1\geqslant x\geqslant\ln(x+1)$ 的教学处理是先呈现不等式，然后给出证明。而上述教师先让学生经历知识发现的过程，在此基础上，一方面从代数角度给出切线不等式的证明，一方面通过图象揭示切线不等式的几何背景，同时揭示了"以直代曲是微积分的基本思想"，明确了不等式的作用就是"借助切线对曲线进行放缩"。这使得学生对于切线不等式有了更加全面而深刻的认识。

三、解题教学应该"让学生像专家那样思考"

　　加德纳认为，学生只有超越具体的事实和信息，理解各个学科思考世界的独特方式，未来才有可能像科学家、数学家、艺术家、历史学家一样去创造性地思考与行动。在倡导以发展核心素养为目标、强调以数学育人为宗旨的今天，数学解题教学的定位不能只局限于"解题"，而是要让学生成为专家，像专家那样思考。什么是专家？从大的方面讲，专家是有专业素养的人，是有能力的人，他们能够基于人类文明体系对自然界及人类社会中的不同现象作出深刻而精准的阐释；从小的方面讲，专家就是能够对数学问题作出快速而准确的判断，并在洞悉问题本质的基础上提出解决问题方案的人。这就需要将解题教学的重心从传授现成的"数学结论"转向培养"专家思维"。

　　"专家思维"与"新手思维"的区别主要体现在知识组织与存储的形式上。首先，专家头脑中的知识建立在透彻理解概念的基础上，当遇到新问题的时候，专家一般会依据核心概念进行思考，围绕核心概念重新组织知识，而不是套用现成的公式或答案；其次，专家头脑中的知识结构具有很强的关联性，可以根据知识与知识之间的关系以及知识与现象、情境的关联程度，把知识有序"安放"在结构框架中,进而根据任务需求,熟练调用相关的知识。因此,学生要像专家那样思考,必须在知识的积累与存储方式上接近专家的模式,这就要求广大教师跳出题海,重视概念,充分发挥数学解题教学多样化的教学功能,回归数学育人的本真。

大概念，一语惊醒梦中人

　　我第一次听说"大概念"，是在杭师大刘徽教授的讲座上。作为数学老师，我对"概念"两字比较敏感，但刘教授所讲的"大概念"并非我想象的"概念"。概念难道还有大小之分？听完讲座，我很感兴趣，查阅了相关文献，可能当时"大概念"属于比较新鲜的事物，搜到的文章并不多。但不可否认，"大概念"确实是个好东西。

　　"大概念"到底是什么？按照刘教授的说法，它可以指"概念"，数学中的那些核心的概念，如函数、向量、导数等，都可以称作大概念，这个不难理解；刘教授又说，大概念还可以指观念与论题，这又该如何解释？

　　名人语录，精辟而独到，让人醍醐灌顶；网络潮语，话糙理不糙，让人感同身受。名人语录、网络潮语就可以看作大概念，它们表达了人们对于人生、世界的观念与主张，这就是我们常说的人生观与世界观。这让我不得不感叹，拥有大概念，就等于拥有了一双洞察世间万物的慧眼，"别人笑我太疯癫，我笑他人看不穿"的超凡脱俗感油然而生。

　　当然，很多论题尚存在争议，有不少人持反对意见，但这并不能妨碍它们作为大概念而存在。由此可见，论题也是大概念的一种表现形式。

　　更早的时候，"大概念"（big idea）被翻译成"大观念"。观念决定行为。比如，同样是鱼，不同的地区有不同的做法：江浙地区的人喜欢清蒸与葱油，在他们的大概念中，这样能够保留鱼的鲜味；广东潮汕地区的人喜欢刺身，保留食材的原味是他们所遵循的大概念；而北方人喜欢先油炸，再酱烧，在他们的大概念中，鱼需要去腥提鲜。又比如，在艺术领域，现实主义画家提倡客观地观察现实生活，按照现实生活的本来面貌，真实地表现典型环境中的典型形象；野兽派画家则热衷于运用鲜艳、浓重的色彩，以直率、粗放的笔法，创造强烈的画面效果。每个人都拥有各自的大概念，造成绘画风格迥异的根本原因就是这些派别所遵循的大概念不同。大概念可能是主流的，也可能是非主流的，但不管怎样，人们按照大概念来做事与生活。

　　我认为，把"大概念"当作"观念"来理解虽未必准确，但更具有现实意义。对教师而言，大概念更多倾向于"如何教"的观念。

"函数"是数学中的一个大概念,但对于没学过数学的人来说,他们并不能从"函数"两个字中获得任何有用的信息,他们依旧不清楚"函数是什么"。"函数"这个大概念需要进一步具体化,比如,可以表述为"函数是刻画现实世界变化规律的重要模型""函数是一种特殊的映射"。具体化后的"函数"就清晰起来。以后只要一看到"函数",就会想到这些表述,这些表述自然成了大概念。那么,这跟教学有什么关系?关系非常密切。教师有了对函数的认识后,就会在教学中把这些认知呈现出来,让学生也能感受到。比如,我认为"函数是刻画现实世界变化规律的重要模型",在进行指数函数教学的时候,首先思考的问题就是"指数函数是怎样的函数模型",从而发现"指数函数是刻画增长率(衰减率)为定值的函数模型";然后,我会继续思考在具体教学中"如何把指数函数的这种变化规律呈现出来"。

"向量"也是一个大概念,由"向量是什么",可以衍生出"向量是一种运算""向量是一种语言""向量是一种工具"这三个大概念,我会有意识地围绕着这三个大概念来设计向量内容的教学过程。

大概念是对学科领域中最精华、最有价值的核心内容的凝练,掌握了大概念,课堂教学就会如虎添翼,游刃有余。有些新教师课上得不好,通常被归结为经验不足,这里面的经验其实就包含了大概念的成分。

不久前,县里举行了教坛新秀课堂教学评比活动,上的是立体几何"平面"这节课,主要包含平面的性质、立体几何的三个基本事实两部分内容。

对于平面的性质这部分内容,所有参赛老师都处理得很到位,类比平面几何中的点、线的性质,自然引出平面的性质:由点无大小,线无粗细,得到平面无厚薄;由直线可以向两端无限延伸,得到平面可以向四周无限延伸;由直线是直的,得到平面是平的。

但在处理立体几何的三个基本事实这部分内容时,老师们开始问题频出。有位老师给每个学生发了几根小纸棍(用纸卷起来制成),要求用最少数量的纸棍把一张长方形的卡纸支撑起来。他的初衷是让学生用三根纸棍把卡纸支撑起来,从而发现"三点支撑具有稳定性",进而获得"不共线的三点确定一个平面"的基本事实。但不少学生用一根纸棍或两根纸棍就把卡纸支撑起来了,这显然不是他想要的结果,于是,他跑过去对着卡纸吹气,这才把用一根和两根纸棍支撑起来的卡纸吹了下来,由此验证"三点支撑才是最稳定的"结论。还有不少老师用手指来代替纸棍，用一根、两根、三根手指轮番演示，目的就是说明"三点确定一个平面"。

上面的操作都存在问题，物理的"稳定性"与"平面的确定性"根本不是一回事，要达到稳定不一定要形成确定的平面，而平面的确定也并非达到稳定的标准。之所以把"稳定性"与"确定性"搞混，根本原因就是这些老师不清楚立体几何中的"三个基本事实"指向的大概念到底是什么。

其实，"基本事实"指的就是"平面是平的且无限延伸"这个大概念，即用"点""线""面"三个几何对象，分别刻画"平面是平的且无限延伸"。明白了这个大概念，可以这样设计操作过程：让学生分别用做工良好的四只脚的凳子、直尺、三角尺来验证地面是否平整。

第一种操作，如果做工良好的凳子会摇晃，说明四只脚不在同一平面内，地面不平；反过来说，如果地面是平的，四只脚中有三只脚在地面上，那么另一只也一定在地面上。把凳脚看作点，把地面看作平面，学生通过思考"确定一个平面需要几个点"，就可以发现"基本事实1"。

第二种操作，在地面上任意位置放置直尺。如果地面不平，那么直尺应该与地面有缝隙，不能完全落在地面上；反过来说，如果地面是平的，只要保证直尺两端紧贴地面，直尺就贴紧地面。把直尺看作直线，由此可以发现"基本事实2"。

第三种操作，要验证地面是否平整，一种方法是把三角尺平放在地面各处，看看是否有空隙，如果没有，地面就是平的，反之不平。还有一种方法，就是把三角尺立起来，用其中一个尖角插入地面（想象地面是软的），如果插口呈现的都是直线，说明地面是平的，反之不平。把三角尺看成平面，可以发现"基本事实3"。

一个简单的数学实验，就把"三个基本事实"的由来及内部关系解释清楚了，这要归功于对"平面是平的且无限延伸"这个大概念的准确把握。而参赛老师们显然没有认识到这个大概念，他们可能误把"物理的稳定性与平面的确定性"当作本节课的大概念了。那么，大概念该如何准确提取？

由刘徽教授的文章《"大概念"视角下的单元整体教学构型——兼论素养导向的课堂变革》，我们知道大概念一般可以经由课程标准、核心素养、专家思维、概念派生、生活价值、知能目标、学习难点、评价标准等八条路径进行提取。前四条路径往往提供现成的大概念的雏形，后四条路径需要立足生活与教学经验，结合具体案例和小概念来提炼大概念，我的文章《高中数学大概念的内涵及提取》

探讨了这个问题。

尽管大概念的提取路径非常明确,但要准确提取、快速提取,还需要反复研读教材与课程标准。例如,在"等差数列前 n 项和公式"这节课中,很多老师把"倒序相加法"作为大概念,整节课的设计都围绕着如何发现"倒序相加法"来展开:

以问题"$1+2+3+\cdots+100=?$"为切入口,这个问题学生很熟悉,马上想到"首尾配对",刚好能配成 50 对;

接着提出第二个问题"$1+2+3+\cdots+101=?$",这个问题也能用"首尾配对",但不能"完全配对",而是 50 对+中间项;

再给出第三个问题"$1+2+3+\cdots+n=?$",经过前面两个问题的铺垫,学生知道"首尾配对"时要对 n 的奇偶性进行分类讨论,发现不论 n 是奇数还是偶数,结果都是 $1+2+3+\cdots+n=\dfrac{(1+n)n}{2}$;

进一步思考后,发现用"倒序相加法"可以完美地避开分类讨论,推导"等差数列前 n 项和公式"就选定"倒序相加法"。

上面的教学设计看似没什么毛病,但如果我问:"学了倒序相加法后,学生会不会求等比数列的前 n 项和? 会不会求其他数列的和?"答案显然是"不会"。既然如此,把"倒序相加法"作为核心概念到底有什么用?

数列求和的方法实在太多、太灵活。等比数列或"等差×等比"型数列用的是错位相减法;通项公式形如 $a_n=\dfrac{1}{n(n+1)}$,$a_n=\dfrac{1}{n(n+2)}$,$a_n=\dfrac{1}{(2n-1)(2n+1)}$ 的数列用的是裂项相消法;对于通项公式形如 $a_n=(-1)^n n^2$ 的这类正负项交替出现的数列,要用并项求和法;还有一些通项形式更为复杂的数列,如 $a_n=\dfrac{n+2}{n(n+1)2^n}$,$a_n=\dfrac{2^n}{\sqrt{2^n+1}+\sqrt{2^{n+1}+1}}$,$a_n=\sin(n\theta)$,学生就更搞不清楚用什么方法求和了。

教材只提供了两类最为特殊的数列——等差数列与等比数列的求和方法,至于其他类型的数列如何求和,教材并没有涉及。老师要做的就是在这两类特殊数列求和的基础上,让学生具备探索其他数列求和方法的经验。要达成这一目标,关键是明确两个问题:一是数列求和的本质到底是什么? 二是求和方法是如何想到的? 说白了,就是要知道数列求和的大概念是什么。数列求和背后的大概念就是数学运算，具体来说就是"化简"，即把复杂、冗长的求和结构化得简单。

古人将战略眼光称为"谋"，又将其细分为三种：一是超前谋，二是大处谋，三是谋之深。超前谋，就是极目远眺，就是一目千里之谋。"自古不谋万世者，不足谋一时"，没有超前的谋划，就做不好眼前的事情，也就没有高人一等的良策。

"谋"就是目的。如果学生知道"数列求和就是化简"，那么面对数列求和时就会有自己的想法。从小学到初中，再到高中，学生已经积累了很多"化简"的经验。求数列前几项的和，例如求前 10 项和，直接加起来就好；如果项数增多，例如求前 100 项和，就会想到运用一些运算技巧，比如合并同类项、提取公因式等，还可以考虑把这些数字重新排一排，找找规律，"形数"就是这么来的。

如果学生知道等差数列求和就是"化简"，他们最容易想到的就是用"归纳法"找规律，这当然是一种可行的方法，适用于任何数列。接下去，研究更为严密的方法。所谓的"首尾配对"或者"倒序相加"，利用的就是等差数列的特殊性质，这就引出了另一个大概念——"化简要利用数列的性质"。等差数列项的分布呈现出中心对称特点，从形的角度看，等差数列的图象是一条直线上均匀分布的点；从数的角度看，$m+n=p+q \Rightarrow a_m+a_n=a_p+a_q$。于是就有了"等差数列的前 n 项和的平均数是首项与尾项和的平均数$\left(\text{即} \dfrac{S_n}{n}=\dfrac{a_1+a_n}{2}\right)$"这个性质，这正是"倒序相加法"背后的数学原理。

如果我来上这节课，会直接问学生："数列求和的原理是什么？以前有没有类似的经历？"这个问题指向的是"所有的数列"，教材中没有现成的答案，从而驱动学生搜索头脑中已有的"求和"经验，比如"多个有理数求和"，可以直接运算，也可以借助合并同类项、提取公因数等技巧提升运算效率。把这个经验迁移到数列，就是：对于项数比较少的数列，直接求和就可以了；对于项数比较多的数列，就要讲究"技巧"，而"技巧"取决于数列的性质。那么等差数列具有怎样的性质？由此自然生成了第二个问题。以此类推，还会生成第三个、第四个……

很多老师反映"等比数列的求和"这节课也比较难上，原因在于等差数列求和用到的"倒序相加法"无法迁移到"错位相减法"中，这两种方法之间没有交集。这节课其实不难上，同样，还是要让学生知道"数列求和就是化简"这个大概念。

先让学生用最容易想到的"归纳法"找规律。

先求 $S_n = 1 + 2 + 2^2 + \cdots + 2^{n-1}$。

$S_1 = 1 = 2 - 1, S_2 = 1 + 2 = 3 = 2^2 - 1, S_3 = 1 + 2 + 2^2 = 7 = 2^3 - 1, \cdots,$

$S_n = 2^n - 1$。

再求 $S_n = 1 + 3 + 3^2 + \cdots + 3^{n-1}$。

$S_1 = 1 = \frac{1}{2} \times (3 - 1), S_2 = 1 + 3 = 4 = \frac{1}{2} \times (3^2 - 1), S_3 = 1 + 3 + 3^2 = 13 = \frac{1}{2} \times$
$(3^3 - 1), \cdots,$

$S_n = \frac{1}{2}(3^n - 1)$。

继续求 $S_n = 1 + 4 + 4^2 + \cdots + 4^{n-1}$。

$S_1 = 1 = \frac{1}{3} \times (4 - 1), S_2 = 1 + 4 = 5 = \frac{1}{3} \times (4^2 - 1), S_3 = 1 + 4 + 4^2 = 21 = \frac{1}{3} \times$
$(4^3 - 1), \cdots,$

$S_n = \frac{1}{3}(4^n - 1)$。

综上，猜想 $S_n = 1 + q + q^2 + \cdots + q^{n-1} = \frac{q^n - 1}{q - 1}(q \neq 1)$。

观察由猜想得到的结论，继续找规律。

由 $S_n = 1 + 2 + 2^2 + \cdots + 2^{n-1} = 2^n - 1$，发现 $\{S_n + 1\}$ 是等比数列，也就是说，在原有数列前 n 项和的基础上加 1，就可以转化为等比数列，前 n 项和公式最后化简为等比数列的通项公式。

由 $S_n = 1 + 3 + 3^2 + \cdots + 3^{n-1} = \frac{1}{2}(3^n - 1)$，得 $\{2S_n + 1\}$ 也是等比数列，即 $2S_n + 1 = 3^n$。

以此类推，由 $S_n = 1 + q + q^2 + \cdots + q^{n-1} = \frac{q^n - 1}{q - 1}(q \neq 1)$，得 $\{(q-1)S_n + 1\}$ 是等比数列，即 $(q-1)S_n + 1 = q^n$。

思考：为什么这样操作就实现了化简？

原因在于 $q(1 + q + q^2 + \cdots + q^{n-1}) - (1 + q + q^2 + \cdots + q^{n-1}) = q^n - 1$，由此联想到等比数列的求和可以这样操作：

因为 $\begin{cases} S_n = a_1 + a_1 q + \cdots + a_1 q^{n-1} \\ q S_n = a_1 q + a_1 q^2 + \cdots + a_1 q^n \end{cases} \Rightarrow (1 - q)S_n = a_1 - a_1 q^n$，

所以 $S_n = \frac{a_1(1 - q^n)}{1 - q}(q \neq 1)$。

这样，"错位相减法"不就浮出水面了吗？

前面提到"化简要利用数列的性质"，等比数列求和利用的性质是"构造自相似"。等比数列的前 n 项和乘以公比，其结构与原来相似，再作差，就会消去大部分公共项。

因此，"构造自相似"可以看作数列求和的一个大概念。等差数列求和本质上也是利用了"构造自相似"：$a_m + a_n = a_p + a_q$。而"裂项相消法"，例如 $a_n = \dfrac{1}{n(n+1)} = \dfrac{1}{n} - \dfrac{1}{n+1}$，令 $A_n = \dfrac{1}{n}$，则 $A_{n+1} = \dfrac{1}{n+1}$，$a_n = \dfrac{1}{n(n+1)} = A_n - A_{n+1}$，也是"构造自相似"。由此可见，高中阶段涉及的数列求和方法基本上都被"构造自相似"统领起来了。

大概念是数学的灵魂，抓住了大概念就等于抓住了教学的精髓。数列求和涉及好几个大概念，这些大概念之间有什么关系？大概念的层级从高到低依次分为课程大概念、单元大概念、课时大概念，"数学运算"是"数列"这个单元所指向的课程大概念，"数列求和就是化简""化简要利用数列的性质"就是"数列"的单元大概念，"等差数列的项呈中心对称分布"就是"等差数列前 n 项和公式"这节课的课时大概念。

单元大概念是在课程大概念的基础上衍生出来的，因此，相对于课程大概念，它就是"小概念"，同样，课时大概念相对于单元大概念来说也是"小概念"。显然，大概念层级越高就越抽象，层级越低就越具体，但无论多具体，还是具有一定程度的抽象性，这就是没有把"错位相减法"作为大概念的原因，它太具体了。过于具体的东西，迁移性就弱，统领作用相对就差。比如，很多领域、很多产品都需要用到"圆形"的设计，而一旦它具体为"轮胎"，应用领域就急速缩小，参考价值就急速缩水。保持一定的抽象性，是大概念的基本要求。

在高中所有学科的课程标准中，都有这样一段话："进一步精选了学科内容，重视以学科大概念为核心，使课程内容结构化，以主题为引领，使课程内容情境化，促进学科核心素养的落实。"课程标准如此重视大概念，主要原因是学生要学的知识太多、太零碎，课时又紧张，最好的对策就是用大概念把这些知识串联起来，让学生掌握大概念，一看到大概念，就能够联想到相关的知识。课堂教学亟需转型，为此，我写了《从知识点教学到数学大概念教学的转型——以"数列的递推公式"为例》这篇文章来探讨。

大概念数量很多,那么学生需要掌握哪些大概念? 我认为,主要是掌握"为什么学""学什么""如何学"这三类大概念。知道了"为什么学"的大概念,有助于快速激发学生的学习动机;明白了"学什么"的大概念,学生的学习就可以有的放矢;掌握了"如何学"的大概念,学生就可以开展自学。

以三角函数为例。"为什么学三角函数?"因为"三角函数是刻画周期运动的函数模型""三角函数是圆函数",学习三角函数就是为了刻画周期运动。"三角函数学什么?"如图 1,可以归结为:学习"一类模型",即刻画周期运动的模型;学习"一种工具",即学会用单位圆来研究三角函数;学习"一大思想",即掌握用有限表示无限的思想。"如何学习三角函数?"可以归结为两个大概念:一是"类比函数的学习路径",即遵循"定义—表示—性质—应用"的学习路径;二是"以单位圆作为研究工具来研究三角函数的性质",任意角的定义、三角函数的定义、诱导公式、同角三角函数公式、三角函数的图象,包括后续的三角恒等变换公式的推导,都利用了单位圆。

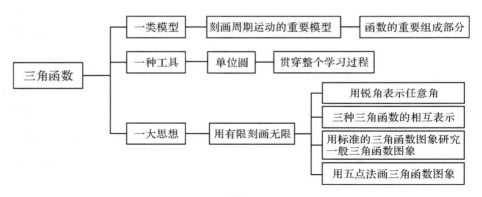

图 1

再以平面向量为例。"为什么学习平面向量?"向量是语言,向量是工具,向量是运算,这就是理由。"向量学什么?"学习用向量表示几何关系,学习用向量解决几何问题,掌握向量的线性运算与数量积运算。"如何学习向量?"这取决于学习向量的现实目的,如果要学习利用向量解决几何问题,则选择"几何条件向量化—向量运算—运算结果几何化"的路径;如果学习向量的运算,那么可以采用"运算背景—运算规则—运算性质—运算的几何意义"的路径,如图 2。

我们希望学生不仅"知其然",而且"知其所以然",更要"知何由以知其所以然";希望学生不仅"学会",还要"会学"。这样一来,就要让学生掌握足够多的大

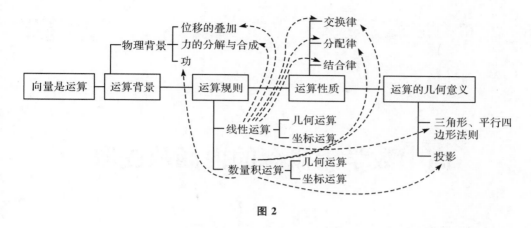

图 2

概念。那么怎么让学生掌握这些大概念？直接把大概念告诉学生是否可以？

　　举个例子，每次有课堂教学比赛时，组里的年轻老师都会来请教我课怎么上。对于怎么引入、难点怎么突破、怎么上才有新意等问题，我倾囊相授，年轻老师听得非常认真，也觉得我的分析很有道理，但等到他们自己上课时，却和我讲的大相径庭。我问他们为什么没有按照我讲的上，他们的回答是"听懂了，但是模仿不来"。有意思的是，我给有经验的老师稍微点拨一下，他们的课就能够上得非常好。之所以出现这样的情况，是因为年轻老师自身经验积累不足，无法理解和消化别人强加给他们的东西，而有经验的老师却可以把别人的东西吸收转化为自己的东西。

　　大概念也是如此，它具有高度的抽象性与概括性，还略微带有个人的主观成分，大概念不是老师教出来的，而是学生在学习的过程中悟出来的。例如，"三角函数是圆函数"，把这个大概念告诉学生，学生是理解不了的，但是经过三角函数的定义、诱导公式、三角函数的图象等内容的学习，学生可能会悟出"三角函数的本质是圆函数"。当然，前提是在上这些课时，"单位圆""圆周运动"要贯穿始终，并且每次上完课都要对"这节课学了什么""如何学"等问题进行总结。也就是说，教师要明确数学大概念教学的实施路径（参见我的文章《数学大概念教学的实施路径——以"条件概率"为例》），在上课时要围绕大概念开展教学设计，想方设法把与大概念相关的要素凸显出来，在不断的启发、引导、强化下，促使学生逐步领悟大概念。学之道在于"悟"，教之道在于"度"。"度"是教师的教法与学生的学法的统一，大概念教学的"度"就是为了促进学生对于大概念的"悟"。

相关论文

高中数学大概念的内涵及提取①

如果说学科核心素养指向"培养什么样的人",那么落实学科核心素养则直指"怎样培养人"的大概念教学的中枢。大概念使得离散的事实和技能相联系并具有一定的意义,建立了教材中的间接经验与学生脑海中的直接经验的联结。大概念引领下的数学教学不仅有利于教师统摄教学内容,促进课程的一体化建设,实现跨学科的融合,而且使学生的学习变得有意义、有深度,从而促进学科核心素养落地。那么,什么是大概念? 大概念如何获取呢?

一、大概念的内涵

埃里克森把大概念指向抽象概括,认为大概念是在事实基础上产生的、深层次的、可迁移的概念;在埃里克森的基础上,威金斯和麦克泰格把大概念进一步解释为一个能够使离散的事实和技能相互联系并有一定意义的概念、主题或问题。刘徽认为,大概念可以被界定为反映专家思维方式的概念、观念或论题,它具有生活价值。吕立杰认为,大概念有广义与狭义之分:广义上,指的是居于学科基本结构核心的概念或若干居于课程核心位置的抽象概念,它整合相关知识、原理、技能、活动等课程内容要素,形成有关联的课程内容组块;狭义上,指的是对不同层级核心概念理解后的推论性表达。由此可见,目前学术界对"大概念"

① 本文发表于《中小学教师培训》2021年第7期,被中国人民大学复印报刊资料中心《高中数学教与学》2021年第10期全文转载。

还没有统一的表述。那么大概念的内涵究竟指向什么？

1. 大概念"大"在哪？

大概念的"大"不是指"庞大"，因此，不能以所包含的知识范围的大小来判断一个概念是否是大概念。这里的"大"指的是"核心""高位"或"上位"，即学科领域中最精华、最有价值的核心内容，是力图对学生的认知基础进行集成与融合的概念，具有很强的迁移价值。在高中数学中，核心概念、中心问题和主要思想方法具备上述属性，从而成为大概念的主要表现形式。比如，函数是刻画客观世界变化规律的重要模型，平面向量是沟通代数、三角、几何的桥梁，解析几何的核心是用代数方法解决几何问题等，它们都可以称作数学中的大概念。

2. 大概念不只是"概念"

"大概念"的英文是"big idea"，也有学者翻译为"大观念"，但"大观念"的表述未必准确，因为有时候大概念指的就是"概念"。准确地说，大概念有三种表现形式：第一种指"概念"，是对一类具体事物本质特征的抽象概括，比如，向量的运算一般指的是几何运算与代数运算；第二种指"观念"，表现为一种看法和观点，常常反映了概念与概念的关系，比如，函数单调性的学习为函数其他性质的学习提供了一般认知经验；第三种指"论题"，有些大概念很难有明确的结论，这时可能表现为"论题"，比如"数学是有趣的"，对于爱好数学的人来说，数学是有趣的，但在另一些人看来，数学是抽象的、枯燥的，虽然很难断定这个"论题"的真假，但"数学是有趣的"确实可以作为统领数学单元教学的大概念。

3. 大概念的类别

大概念一般分为两类。一类是学科大概念，指向学科的基本结构，是基于事实基础抽象出来的深层次的、可迁移的核心概念。学科大概念不但具备了大概念本身的中心性、网络状等特征，同时具有独特的学科特性，在落实学科核心素养的过程中扮演着关键性角色。另一类是跨学科大概念，是比学科大概念更加宏观的大概念。一方面，它有助于打破原有的学科边界，促进学科之间的融合；另一方面，它也可能使新建立的概念体系脱离情境事实，脱离常识性认知。比如，"数学是思维的体操"，这属于学科大概念的范畴；而"数学是一种文化"，就是一个跨学科的大概念。

二、大概念的层级

1. 大概念的四大层级

教学以课时为单位，因此，每一节课都需要选取一个具有高度统摄性的大概念，不妨称之为"课时大概念"；为了避免课时教学导致知识的碎片化，需要把课时有序地组织在一起，这就涉及"章节大概念"；为了建立章节内容之间的联系，凸显知识的系统性与整体性，就需要有统领整个单元知识结构的"单元大概念"；对于某门课程来说，需要知道它究竟包含多少教学单元，这些单元之间呈现怎样的关系，这就要以"课程大概念"为逻辑，组织或重构整个课程的单元体系。如图1所示，大概念的层级从高到低依次分为课程大概念、单元大概念、章节大概念、课时大概念。课程大概念处于顶尖位置，其下面的三个"大概念"相对于它来说，就成了"小概念"或"次要概念"；同样，课时大概念、章节大概念相对于单元大概念来说，也是"小概念"或"次要概念"。这说明大概念的"大"具有相对性，在每个层级中都有处于统摄地位的大概念。

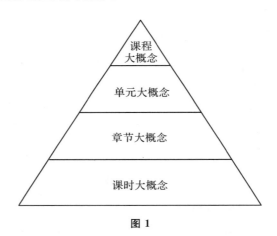

图1

对高中数学而言，"用数学的眼光观察世界，用数学的思维分析世界，用数学的语言描述世界"是其中一个课程大概念，在这个课程大概念的统摄下，人教 A 版新教材围绕函数、几何与代数、概率与统计、数学建模活动与数学探究活动四条主线组织数学单元体系。对于函数单元来说，以"函数是刻画客观世界变化规律的重要模型"这个单元大概念来组织单元内容，不仅把函数、三角函数、数列、导数都纳入函数单元，而且使这个大概念贯穿整个函数单元的课时教学，由此衍生出"三角函数是刻画周期现象的函数模型""数列是一类特殊的函数"等一系列章节大概念，引申出"指数函数是刻画增加率为定值这一变化规律的函数模型""等差数列的通项公式是一次函数"等课时大概念。

2. 大概念层级之间的跃迁

大概念不是一个看得见、摸得着的事实，而是基于事实、情境的抽象与推论，因此，大概念不可能直接"教"给学生，而零碎的小概念与事实、具体问题直接相连，与思维迁移、教学目标直接相关，小概念学习才是学生学习的主要内容。当小概念积累到一定程度时，学生就会自然而然地从中提炼出课时大概念。课时大概念的可迁移性不仅可以使学生应用已有的大概念去学习抽象等级相同的大概念并建立起联系，也可以帮助学生消化和理解更为具体或者更为抽象的现象与经验，这就是所谓的"锚点"效应。

凡是大概念都具有"锚点"效应，一个大概念会在学生头脑中产生一个"锚点"，大概念的层级越高、"锚点"数量越多，其表现出来的"锚点"效应就越强。章节大概念就在课时大概念"锚点"数量的增加过程中逐渐形成。依此类推，就会相继产生单元大概念、课程大概念，如图 2，从而实现大概念层级之间的跃迁。

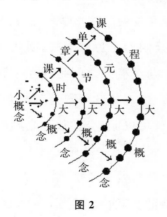

图 2

比如，通过对任意角的定义、任意角的三角函数的定义、终边相同的角的三角函数值等小概念的学习，学生会在头脑中形成"三角函数是刻画单位圆上的质点匀速运动的函数模型"这个课时大概念的"锚点"；再通过"同角三角函数的基本关系""诱导公式"等课时的学习，随着"锚点"效应的增强，"三角函数是刻画周期现象的函数模型"的章节大概念自然生成;联系前面的"指数函数""对数函数"中的章节大概念,可获得"函数是刻画客观世界变化规律的重要模型"这一单元大概念;再通过几何与代数、概率与统计等单元的学习,随着单元大概念的不断累积,最后,高中数学的课程大概念就得到明晰。

三、大概念的提取与表述

1. 大概念提取的八大路径

大概念一般可以经由课程标准、核心素养、专家思维、概念派生、生活价值、知能目标、学习难点、评价标准这八条路径进行提取,并且很多大概念的获得是综合多条路径的提取结果。

前四条路径往往提供"现成"大概念的雏形。课程标准是学科教学的纲领性文件,里面的很多概念可以直接看作大概念。比如,数学课程标准中,"数学教育承载着落实立德树人根本任务、发展素质教育的功能""数学不仅是运算和推理的工具,还是表达和交流的语言""教学活动应该把握数学的本质"等,都是统领数学教学的大概念。核心素养既是课程目标,又是大概念的源泉,比如"数学学科核心素养是'四基'的继承和发展""数学学科核心素养的发展具有连续性和阶段性"等。由于大概念可以反映专家思维方式,因此,专家的认识与观点也可以作为大概念的来源。大概念与大概念之间是相互关联的,从而可以通过派生或总结的方式来产生新的大概念,比如,"函数是刻画客观世界的重要模型",而数列是一类特殊的函数,那么就可以派生出"数列是刻画客观世界的重要模型"这一大概念。

后四条路径需要立足生活与教学经验,结合具体案例和小概念提炼大概念。生活价值体现了数学与生活的关联性。比如,在学习集合的概念时,思考"漂亮的女明星"能构成集合吗? 在生活中,似乎有一些"漂亮"的标准,但并不确切,因此在数学中"漂亮的女明星"不能构成集合,由此引出了"数学语言的表述追求严谨性"这个大概念。在知识技能目标的表述中也能提取大概念,比如,"能从函数角度理解等差数列前 n 项和公式,并能简单应用"这个目标指向的大概念就是"数列是一类特殊的函数"。剖析学生的学习难点可以发现大概念。比如,学生在数学建模中不会独立发现问题，也不会分析数据，更不能把所学的知识运用到其中，究其原因，是学生的建模经验太少，对建模的流程不熟悉，因此，数学建模指向的大概念就是"数学建模是一个过程，数学建模重在体验"。对照评价标准有利于发现目标的偏差，纠正偏差的过程也是提取大概念的过程。比如，在对数概念的教学中，按照一般概念教学的评价标准，学生不仅要理解对数的定义，而且要进行熟练运算，但发现部分学生把对数当成了"怪物"，不愿意接受对数这个新事物，究其原因，是对数教学过程的设计太仓促，概念生成不足，于是就有了"数学概念要注重自然生成"这个大概念。

2. 大概念表达的三大视角

虽然大概念提取的路径非常明确，但如何把提取到的原始概念、论题、观念"表达"为大概念呢？比如，"正弦函数值呈周期性变化"，这样的表达是不是符合大概念的要求？显然不符合，因为它只是陈述了具体的例子。大概念不是一个狭隘的概念、一个例子、一则知识、一个目标、一个活动或一种技能，它以各种各样的抽象的形式来呈现，因此，要避免使用具体的专有名词和人称代词。上述语句作为大概念，既可以表述为"三角函数是周期函数"，也可以表述为"三角函数的函数值呈周期性变化"。大概念的表达一般不唯一，通常可以指向"是什么""为什么""怎么样"三大视角，当然，这些指向有的是"明指"，有的是"暗指"。比如，"数学是研究现实世界中的数量关系与空间形式的一门科学"解释了"数学是什么"；"数学有用"暗指"为什么学数学"；"函数是贯穿高中数学的一条主线"明指"是什么"，暗指"怎么教"，即"在教学中把函数这条主线凸显出来"。

大概念内涵丰富，形式抽象，因此，大概念的习得必须在教师的精心辅助下由学生自主发现、理解、建构，需要经历缓慢的、逐渐深化的螺旋式上升过程。理解与把握大概念不仅能帮助教师更好地教学，而且能让学生像专家那样思考，这正是素养导向下课程改革育人目标的基本诉求。

从知识点教学到数学大概念教学的转型[①]

——以"数列的递推公式"为例

在数学教学中,很多教师首先关注的是教学内容中有哪些知识点,每个知识点又包含哪些知识要素,在此基础上,围绕这些知识点及其要素开展教学。这种以知识点为单位、按照其内在逻辑关系逐个实施的教学方式被称为知识点教学。从短期看,知识点教学对于知识点的掌握与数学思想方法的领悟具有积极的作用,但从长远看,知识点教学无法承担发展学生核心素养的重任。最近,我县举行了教坛新秀课堂教学评比,上课的主题是"数列的递推公式"。下面,笔者就结合本次比赛的课例谈谈对此的看法。

一、知识点教学的弊病

对于"数列的递推公式"这节课,所有的参赛教师都采用了知识点教学,而且基本上都以"求递推数列的通项公式"这一知识点为主线,先对问题进行梳理归类,再根据不同类型的问题提出相应的解题方法,最后把所有的题型归结为以下几类情况。

(1)累加法:$a_{n+1} - a_n = c(n)$。

(2)累乘法:$\dfrac{a_{n+1}}{a_n} = c(n)$。

(3)待定系数法 1:$a_{n+1} = Aa_n + B \Leftrightarrow a_{n+1} + \lambda = A(a_n + \lambda)$。

---

① 本文发表于《中学教研》2022 年第 6 期,被中国人民大学复印报刊资料中心《高中数学教与学》2022 年第 9 期全文转载。

（4）待定系数法 $2: a_{n+1} = Aa_n + Bn + C \Leftrightarrow a_{n+1} + \lambda(n+1) + \mu = A(a_n + \lambda n + \mu)$。

（5）特征根与不动点法：$a_{n+2} = pa_{n+1} + qa_n$，其特征方程为 $x^2 = px + q$，若方程有两个相异实数根 α, β，则 $a_n = c_1 \alpha^n + c_2 \beta^n$；若方程有两个相同实数根，即 $\alpha = \beta$，则 $a_n = (c_1 + nc_2)\alpha^n$，其中 c_1, c_2 是待定常数。

此外，递推公式形如 $a_{n+1} = \dfrac{Aa_n + B}{Ca_n + D}$ 的数列也可以借助特征根与不动点法求通项公式，在此不再赘述。

由于参赛的课例都是以"求递推数列的通项公式"为中心进行教学设计，因此总体上看大同小异，唯一的区别就是问题类型的选择有所差异，有的课涉及的问题类型比较多，有的课着重探究一两种方法。不仅如此，知识点教学固有的弊病也在这些课例中暴露无遗。

1. 知识碎片化

知识点教学的基本原理是先把教学内容分割成一个个相对独立的知识点，然后围绕如何让学生熟练掌握知识点来做文章。这种化整为零的做法虽然有助于分散教学的难度，但无形中也割裂了知识之间的联系，导致学生的认知碎片化。比如，在"数列的递推公式"教学中，知识点教学让师生的注意力都集中在如何求通项公式上，却忽视了对于"递推公式与数列的通项公式之间到底存在什么关系"这个核心问题的思考。知识点教学造成的直接后果就是学生只会"求通项"，而不知道"为什么要这样求"，也就是我们常说的"知其然而不知其所以然"。

2. 思维定式化

知识点教学纵然不是完全无视知识的结构化，但这种结构化是知识点之间和知识点内部知识要素的结构化，并非核心观点的结构化，只是通过知识片段的拼凑与堆积来实现对知识整体的窥探。在实际操作中，学生不仅很难利用这些杂乱无序的知识点来实现对知识的完整建构，而且还容易形成思维定式。上述课例看似把所有问题的可能性都罗列出来了，学生只要"套用"现成的结论就行了，但学生在反复调用现成结论的过程中很容易产生思维定式，一旦问题的结构发生改变，就很难做到从容应对。

3. 学习效果短期化

由于知识点教学对于知识点各要素的学习要求缺乏明确的区分，随着教学内容中知识点的增加,知识点教学容易陷入细枝末节之中,从而使学生对数学方法的认知停留在浅层的模仿与记忆上,无法触及方法的本质,最终导致教学效果无法达到预期。在上述课例中,尽管教师提供了针对不同类型问题的解题方法,但这些方法要么是学生已经非常熟悉的累加法与累乘法,要么是远远超出学生认知水平与教学要求的特征根与不动点法,至于待定系数法,一般不直接考查,学生记不记公式不会影响问题的解决。总而言之,这些方法要么太浅显了,要么太高深了,要么可有可无,因此,这节课的教学意义有限,随着时间的推移或者训练量的减少,学生在知识点教学中获得的知识与技能也会被快速遗忘。

二、大概念教学的内涵及优势

大概念可以被界定为反映专家思维方式的概念、观念或论题,它具有生活价值,是居于学科基本结构核心的概念或若干居于课程核心位置的抽象概念,它整合相关知识、原理、技能、活动等课程内容要素,形成有关联的课程内容组块。大概念能够解释较大范围内的一系列相关现象、事实以及相互关系;能将较大范围内分散的知识和事实联结为有结构、有系统的整体;能作为一种解释模型,赋予个别的、具体的事实以深层的意义。大概念由高到低可以被细分为课程大概念、单元大概念、章节大概念、课时大概念。课程大概念处于顶尖位置,其下面的三个大概念相对于它来说就成了"小概念"或者"次要概念"。大概念的"大"具有相对性,在每个层级中都有处于统摄地位的大概念。

大概念教学是一种以大概念为"锚点"组织教学的方式,具体来说,就是先从学科知识体系和逻辑结构出发,提取学科大概念;然后,围绕大概念搭建核心观点框架;最后,将学科大概念细化为一个次级概念,作为课时教学的立意或者主题来统摄整节课的教学,从而实现提升学生的能力与素养的目的。

"结构""联系""迁移"是大概念教学的基本特征,大概念教学的优势正是源于对这三个关键词的理解和把握。首先,用大概念统摄与组织教学内容,能够使离散的事实、技能相互联系并结构化,被赋予一定意义;其次,大概念教学强调引导学生超越对知识和技能的学习,走向那些超越时空和情境而存在的、可迁移的观点和思想,从而促使深度学习的发生;最后,大概念教学能明晰学习目标和有效的表现性任务,有利于学生自主、合作、探究学习。在大概念教学中,教师要成为学科教学的专家，不仅要知道教什么，而且要知道为什么而教；不仅要理解学生，而且要理解设计——单元设计、活动设计、问题设计等，用自己丰富的专业知识引领学生像专家那样思考，使学生成为学习的专家。

三、数学大概念教学的实践

1.提取大概念，明确学习目标

大概念具有内隐性的特点，不容易被人轻易发现和理解。因此，在明确教学主题后，教师需要站在单元的高度甚至学科系统的高度，对教学主题包含的学科事实及其相互关系从多个视角进行细致分析，进而提炼学科大概念。大概念一般可以经由课程标准、核心素养、专家思维、概念派生、生活价值、知能目标、学习难点、评价标准这八条路径进行提取，并且大概念的获得通常是综合多条路径的提取结果。

为了获取"数列的递推公式"这个教学主题的大概念，需要站在整个"数列"单元的高度对教学内容进行剖析。从生活价值的角度看，"数列的研究源于生产、生活的需要"；从课程标准的角度解读，"数列是一类特殊的函数，要用函数的思想方法来研究数列"；从学习目标的角度定位，要求"能根据递推公式写出数列的前 n 项，掌握一些由简单递推公式求通项公式的方法"。综合上述分析，一方面，比赛课例中以"求递推数列的通项公式"为中心的做法确实偏离了正常的教学轨道；另一方面，统摄本节课内容的课时大概念其实很明晰，那就是"递推公式是数列的一种表示方法"，而本节课的学习目标就是形成"数列能够用递推公式来表示"的意识，发展学生借助递推公式来研究数列的能力。

2.聚焦大概念，形成结构化的知识

提取大概念后，就要以大概念为主线对教学内容进行梳理，调整前后顺序，打破原有的知识边界，结合教师对学生知识学习、思维发展和能力提升的系统考虑和期待，将建构大概念所需的知识打造成一个联系紧密的结构化整体。

虽然"递推思想"贯穿整个数列单元，等差数列、等比数列也都是借助递推公式进行定义的，但在教材中，"递推公式"的概念及简单应用却只在"数列的概念

与表示"中有所涉及,内容本身看上去非常单薄。若没有一个大概念作为支撑,本节课的教学很难有效开展。而有了"递推公式是数列的一种表示方法"的认识后,就可以从这个大概念出发,对相关内容进行整合,形成本节课的知识结构,如图 1 所示。

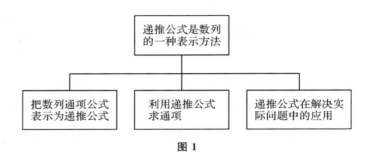

图 1

3. 细化大概念,设计学习流程

在设计学习流程时,一方面,要依据学生的认知水平设置教学内容的先后顺序、认识角度和理解路径;另一方面,由于大概念不是一个看得见、摸得着的事实,不可能直接"教"给学生,所以需要把大概念细化为与基本事实、具体问题、学生经验直接相关的"小概念",进而设计与之相对应且有一定挑战性的,能够充分体现综合性、层次性、关联性、实践性的"学习任务"和"驱动性问题",助力学生进行多视角的学习理解、应用实践和迁移创新。

借助"数列是一类特殊的函数"这个单元大概念,确定"类比函数的表示方法"为本节课的教学思路;细化"递推公式是数列的一种表示方法"的课时大概念,可以得到"数列的递推公式不唯一""并非所有的递推公式都可以求通项公式""递推公式具有应用价值"等一系列"小概念",并以此为基础,设计本节课的四大学习任务以及对应的学习内容,如图 2 所示。

对于每个学习任务中的问题设计,要做到层层递进、环环相扣、步步深入、由此及彼,不断驱动学生思考与学习。

比如,在任务 2 中,为了揭示"数列的递推公式不唯一"这一事实,可以设计如下问题。

问题 2-1 你能用递推公式表示等差数列吗?

提示:$a_{n+1}-a_n=d$,$2a_{n+1}=a_n+a_{n+2}$。

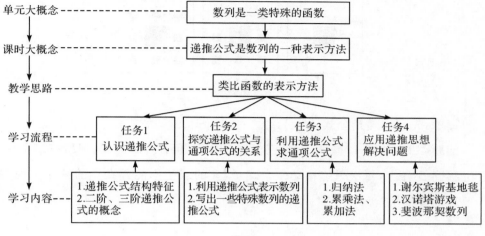

图 2

问题 2-2 若等差数列的通项公式为 $a_n = 2n+1$，你能写出它所对应的递推公式吗？至少写出 3 个。

提示：除了 $a_1 = 3, a_{n+1} - a_n = 2$ 与 $a_1 = 3, a_2 = 5, 2a_{n+1} = a_n + a_{n+2}$ 这两个外，还可以利用 $a_n = 2n+1, a_{n+1} = 2n+3$ 之间的等量关系进行构造。

如 $3a_n = 6n+3 = 4n + 2n + 3 = 4n + a_{n+1}$，

于是就构造出了 $a_1 = 3, a_{n+1} = 3a_n - 4n$ 这个递推公式；

又如 $a_n^2 = 4n^2 + 4n + 1, a_{n+1}^2 = 4n^2 + 12n + 9$，

则有 $a_{n+1}^2 = a_n^2 + 4a_{n+1} - 4$。

按此逻辑，可以构造无数个形态各异的递推公式。

问题 2-3 对于一个数列来说，它所对应的递推公式唯一吗？

提示：不唯一。

问题 2-4 数列是一类特殊的函数，那么能否从函数的视角分析递推公式到底是什么？

提示：略。

又比如，在任务 4 中，让学生在丰富的经典数学问题情境中体会递推思想对于揭示问题本质及优化算法的作用。

问题 4-1 如图 3 所示的一系列正方形图案称为谢尔宾斯基地毯，在 3 个大正方形中，着色的小正方形的个数依次构成一个数列 $\{a_n\}$ 的前 3 项，求数列 $\{a_n\}$ 的一个通项公式。

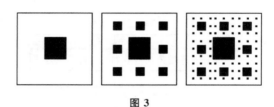

图 3

提示：先写出递推公式 $a_1=1, a_{n+1}=8a_n+1$，或 $a_1=1, a_{n+1}-a_n=8^n$。

问题 4-2　如图 4，有 A, B, C 三根杆，C 杆上套有若干碟子，把所有碟子从 C 杆上移到 B 杆上，每次只能移动一个碟子，大的碟子不能叠在小的碟子上面，最少要移动多少次？

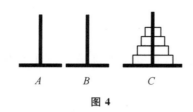

图 4

提示：当 C 杆上有 $n-1$ 个碟子时，设总移动次数为 a_{n-1}，当 C 杆上有 n 个碟子时，设总移动次数为 a_n，那么它们之间满足递推关系 $a_1=1, a_n=2a_{n-1}+1$。

问题 4-3　假设一对刚出生的小兔一个月后就能长成大兔，再过一个月就能生下一对小兔，并且此后每个月都生一对小兔，一年内没有发生死亡。现有一对刚出生的兔子，繁殖一年，共有多少对兔子？

提示：设 a_n 表示第 n 个月的兔子数，则满足递推公式 $a_1=1, a_{n+2}=a_n+a_{n+1}$。

在"数列的递推公式"这节课中，大概念教学引领学生对递推公式是什么、为什么、有什么用、怎么学等一系列问题进行全面的剖析，充分体现单元教学的整体性和系统性，为学生掌握数学知识、思想、方法并形成网状认知结构提供一个统筹兼顾、整体规划的场域，从而实现课堂的转型与育人模式的转变，这也是大概念教学的最大优势之所在。

数学大概念教学的实施路径①

——以"条件概率"为例

囿于"线性知识"的教学困境，学生难以形成对数学的"整体认知"；限于"浅层学习"的思维桎梏，学生难以获得对数学的"本质理解"；受到"情境固化"的能力遮蔽，学生难以实现对数学的"应用迁移"：这一直是传统数学课堂教学的短板。大概念教学则可以有效地弥补传统数学课堂教学的不足。数学新课程标准也明确指出："要重视以学科大概念为核心，使课程内容结构化，以主题为引领，使课程内容情境化，促进学科核心素养的落实。"

大概念通常指的是反映专家思维方式的概念、观念或论题，它处于学科中心位置，反映了学科的本质，不仅凝聚着本学科的核心教育价值，是学科思想、学科知识和学科能力的集中体现，而且指向课程教学的方法原则。从学科大概念中，教师可以获得"学什么""怎么学""学了有什么用""如何评价学习效果"等关键信息，因此大概念教学可以将学科大概念渗透到教学内部，从而有助于实现由知识教学向素养培育的跨越。那么，究竟如何围绕大概念架构数学教学的实施路径呢？下面笔者以"条件概率"为例谈谈对此的看法。

一、以大概念为核心关联知识

布鲁纳认为："掌握事物的基本结构，就是允许许多别的东西与它有意义地联系起来，以这种方式去理解它，学习这种基本结构，就是学习事物之间是怎样相互关联起来的。"大概念恰恰是一种处于学科核心位置的联结，将碎片化的知

---

① 本文发表于《中学数学教学参考》2022 年第 11 期。

识"黏合"在一起，从而形成结构化的知识网络。大概念是有层级的，从高到低依次分为课程大概念、单元大概念、章节大概念、课时大概念。"课程大概念"处于顶尖位置，其下面的三个"大概念"相对于它来说就成了"小概念"或者"次要概念"。大概念的"大"具有相对性，在每个层级中都有处于统摄地位的"大"概念，而每个大概念都有可能作为"信息互通"的"基站"，成为关联知识的核心。

例如，由于概率与统计在生活中具有广泛的应用，因此"数学的应用价值"是"条件概率"这节课所指向的一个课程大概念；由于"条件概率"是"概率与统计"单元的组成内容，因此，"概率是刻画随机现象数量规律的重要工具"是这节课所对应的一个单元大概念；由于"条件概率"是"随机变量及其分布列"这一章的起始内容，因此，"随机事件之间的逻辑关系"就是这节课指向的一个章节大概念；"条件概率是重要的概率模型"显然就是这节课的课时大概念。围绕这些大概念，可以构建知识之间的联系，形成有关"条件概率"的结构化知识，具体如图 1 所示。

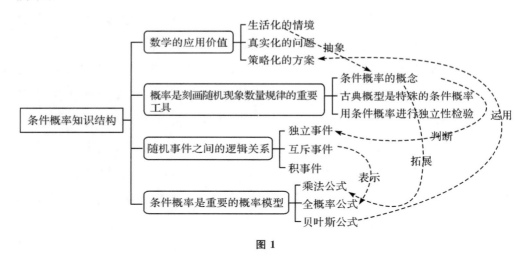

图 1

二、把大概念具体化为教学目标

教学目标是课堂教学的根基，教学目标定位的准确与否直接决定课堂教学的成效。有不少教师抱怨，学生学了"条件概率"后，反而变得更"迷糊"，连最简单的"古典概型"都不会求。为什么会出现这样的情况？调查后发现，是"条件概率"的教学目标定位出现了偏差。"了解条件概率，能够计算简单随机事件的条件概率，会用乘法公式、全概率公式计算概率"，这一教学目标的重心落在了"应用"与"计算"上，于是教师就把掌握公式作为课堂教学的主要任务，而忽视了条件概率背后蕴含的数学原理，学生在辨别概率模型时就容易混淆。因此，如何确保教学目标定位的准度与高度，就成了首先要解决的问题。

大概念本身就是对课程标准、核心素养、教学重难点、评价标准等进行深度提炼的结晶，其展现出来的育人宗旨可以作为制定教学目标的标杆。但是由于大概念是基于事实、情境的抽象与推论，不是看得见、摸得着的事实，因此大概念不可能直接"教"给学生，而是要先把大概念具体化为与事实、具体问题直接相连的，与思维迁移、教学目标直接相关的次级概念或者观念、论题，然后才能以此为课堂教学的目标来统摄整节课的教学。

例如，对"条件概率"所指向的大概念进行剖析，容易发现"条件概率"不仅仅是一个公式、一个概率模型，更为重要的是其背后蕴含的数学思想。"条件概率"的本质是缩小后的样本空间的概率，也就是说，每个随机事件所代表的样本空间都可以有"条件概率"的存在，这就意味着借助"条件概率"可以把一些复杂随机事件用简单随机事件表示出来，体现了数学中的分解与综合思想、化难为易的转化思想。因此，可以认为"条件概率是一种数学思想"。在这个大概念的引领下，可以这样来制定本节课的教学目标："在真实的情境中体会条件概率产生的现实背景，知道条件概率是样本空间缩小后的概率；了解随机事件之间的逻辑关系，能够借助条件概率把复杂随机事件用简单随机事件表示出来；能够利用条件概率推导乘法公式、全概率公式、贝叶斯公式，了解这些公式的现实意义。"把大概念具体化为教学目标，不仅可以有效避免细枝末节的纠缠，而且指向更加明确，操作性更强。

三、在真实情境中建构大概念

随着教育研究的发展，教育要使学生学会"解决真实情境中的问题"已成共识。基于大概念的抽象性，大概念的建构要以"真实性"为基础，要以呈现生活价值为基本诉求。在情境中，教师要引导学生对个别的、细碎的信息进行概括提炼，抽象为一般性认知，形成学科观念或者概念，通过不断积淀与浓缩，实现大概念的建构。

真实情境的设计本身并非难事,难点是能否在情境中达成预期的教学效果。对于"条件概率"中"全概率公式"的教学,很多教师设计如下。

问题情境 1 一个箱子中有 5 个红球、4 个蓝球,每次随机摸出 1 个球,摸出的球不再放回,求:

(1)第 1 次摸到红球的概率;

(2)在第 1 次摸到红球的条件下,第 2 次摸到红球的概率;

(3)第 2 次摸到红球的概率。

上述设计的意图是先通过问题(1)与(2)分别复习回顾古典概型与条件概率,然后借助问题(3)引出对全概率公式的思考。但在实际教学中,借助古典概型可以很轻松地获得问题(3)的答案,这让学生失去了继续探索的动力。如果换一种情境,效果就会截然不同。

问题情境 2 有 3 台车床加工同一型号的零件,第 1 台加工的次品率为 6%,第 2 台和第 3 台加工的次品率均为 5%,加工出来的零件混放在一起。已知第 1,2,3 台车床加工的零件数分别占总数的 25%,30%,45%,任取 1 个零件,计算它是次品的概率。

在这个情境中,虽然用不上古典概型,但多数学生凭借直觉与经验,还是会想到这样去算:次品率 $P(B)=0.25\times0.06+0.3\times0.05+0.45\times0.05=0.0525$。虽然得到了答案,但学生无法从理论层面解释这种算法的合理性,这就为全概率公式的探索创造了时机。

取到的零件可能来自第 1 台车床,也可能来自第 2 台或第 3 台车床,有 3 种可能。如图 2,设 $B=$"任取 1 个零件为次品",$A_i=$"零件为第 i 台车床加工的"$(i=1,2,3)$,A_1,A_2,A_3 两两互斥,且 $\Omega=A_1\cup A_2\cup A_3$,可将事件 B 表示为 3 个两两互斥事件的并,即 $B=A_1B\cup A_2B\cup A_3B$,则 $P(B)=P(BA_1)$

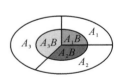

图 2

$+P(BA_2)+P(BA_3)=P(A_1)P(B|A_1)+P(A_2)P(B|A_2)+P(A_3)P(B|A_3)$。

继续追问:"如果取到的零件是次品,应该由哪一台车床的操作员来承担责任呢?"又可以展开对贝叶斯公式的探究。学生不仅可以从中了解公式的来龙去脉,而且还能逐步领悟到分解与综合、化难为易的数学思想,形成"条件概率是一种数学思想"这个大概念。

四、在迁移应用中内化大概念

如果说创设情境的目的是让学生理解大概念，那么迁移应用大概念就是衡量理解程度的一个重要指标。大概念教学的最后一个阶段就是应用，即把所学的知识迁移到新的环境和挑战中，而不仅仅停留在知识的回忆和再现阶段。大概念建构阶段更多运用的是"从具体到抽象"的归纳思维，应用阶段则更多运用的是"从抽象到具体"的演绎思维。教师要围绕大概念设计相关的启发性问题，比如"是否可以利用大概念来解释问题""是否需要对大概念进行进一步完善""能否运用大概念进行创造性活动"等，从而促使学生将大概念迁移应用到陌生甚至令人感到困惑的情境中去。大概念在迁移应用中得到不断发展，反过来说，只有经历迁移应用，才能真正理解大概念。

"条件概率"可以用来解释一些复杂的随机现象。例如著名的"三门问题"，也称作"蒙提霍尔悖论"：在美国的一档综艺节目中，嘉宾面前有三扇关闭的门，其中一扇门的后面是一辆汽车，而另外两扇门后面各有一只山羊，选中后面有汽车的那扇门就可以赢得汽车。嘉宾选定了一扇门但未开启它的时候，主持人开启剩下两扇门中的一扇，露出了其中一只山羊。这时主持人问嘉宾要不要更换选择，可以选另一扇仍然关着的门。请问，此时嘉宾是否应听从主持人的建议而更换选择？

大多数人认为，既然还剩下两扇门，那么这两扇门后是汽车的机会是均等的，换与不换的中奖概率都是 $\frac{1}{2}$。但实际上，坚持不换的中奖概率是 $\frac{1}{3}$，而选择更换的中奖概率却高达 $\frac{2}{3}$。如何解释这种现象？此时，教师可以问学生："能否用数学实验的方法呈现这个节目的过程？如何保证实验模拟结果的可靠性？"通过实验模拟容易发现，更换选择后中奖的频率远高于不更换选择，若干次实验结果如表 1。

表 1 "三门问题"实验模拟

大奖位置	1号	2号	3号	嘉宾选择	羊的位置	更换选择	结果
3	无	无	奖	3	2	1	不中奖
3	无	无	奖	2	1	3	中奖

续　表

大奖位置	1 号	2 号	3 号	嘉宾选择	羊的位置	更换选择	结果
1	奖	无	无	2	3	1	中奖
3	无	无	奖	2	1	3	中奖
3	无	无	奖	1	2	3	中奖
2	无	奖	无	1	3	2	中奖
1	奖	无	无	3	2	1	中奖
3	无	无	奖	2	1	3	中奖
3	无	无	奖	2	1	3	中奖
2	无	奖	无	2	1	3	不中奖
3	无	无	奖	3	2	1	不中奖
2	无	奖	无	1	3	2	中奖
1	奖	无	无	2	3	1	中奖
1	奖	无	无	1	2	3	不中奖
2	无	奖	无	1	3	2	中奖
2	无	奖	无	3	1	2	中奖
1	奖	无	无	3	2	1	中奖
1	奖	无	无	2	3	1	中奖

接着教师再问:"节目中包含了哪些随机事件?这些随机事件之间有什么关系?能否用条件概率来表示这些事件?"解答过程如下。

设 $A=$ "所选的门有奖", $B=$ "换后中奖", $C=$ "不换中奖",

根据全概率公式,

$$P(B)=P(A)P(B|A)+P(\overline{A})P(B|\overline{A})=\frac{1}{3}\times 0+\frac{2}{3}\times 1=\frac{2}{3},$$

$$P(C)=P(A)P(C|A)+P(\overline{A})P(C|\overline{A})=\frac{1}{3}\times 1+\frac{2}{3}\times 0=\frac{1}{3}。$$

通过对"频率逼近概率""随机事件的分解与综合"这两个大概念的迁移应用,"三门问题"得以完美解决。

总而言之,大概念的本质特征可以归纳为结构、联系、迁移,数学大概念教学的实施路径也应围绕这三个关键词进行构建,借此达到统摄并组织教学内容、创新大单元整体教学模式的目的,从而落实数学的育人目标。

不知不觉做课题

c
D 3 l
4 c C D d
D C d A
b   4 C 3 A
c d l c
b a

　　很多老师可能认为自己一辈子也不会去碰课题这种看上去华而不实、高深莫测的东西，但实际上，他们不知道自己一直在"做课题"。就此，我结合自身的经历谈谈自己的看法。

　　2006年，我担任高一数学备课组组长，正常情况下我校数学成绩在全县六所普通高中里排名第四或第五，但那一年期末联考，我校数学成绩竟然垫底。伤心欲绝的同时，我开始反思问题到底出在哪里。当然，学生的基础不扎实是不能忽视的重要原因之一。基于这一点，作为数学老师，我与备课组的同事们可谓尽心尽力：发现学生听不懂，就讲慢一点，反复多讲几遍；对作业错误多的学生，叫过来当面辅导。我想，只要老师肯卖力，学生肯学，成绩总会有起色。

　　当时，"先学后教"在全国很多地方十分流行，我听说过一些学校借助这种教学模式提升了学生成绩，实现"咸鱼翻身"。县数学教研员俞宏达老师也在不遗余力地推广这种教学模式，在一些学校的个别班级中开展试验。我和备课组老师商量后，决定尝试一下这种模式。

　　"先学后教"具体怎么操作，要注意哪些问题，我们真的不清楚。根据字面上的理解，就是学生先自学，老师再教。怎么知道学生学过没有？就看学生的"学案"完成得怎么样。"学案"好比学生自学的导航仪，学什么，学到哪，学得怎么样，学案里面都是预先设置好的。在我读初中时，有位老师的教学理念比较先进，喜欢让学生自己先看书，然后再提问，让学生回答。这位老师的课基本上都是下午第一节，炎炎夏日，包括我在内的很多同学看着书就打起了瞌睡，提问时，我们自然是一问三不知，导致这位老师大发雷霆。我想，如果当初这位老师能够提供学案，那我们看书就会更加有针对性，也不容易睡着了。

　　2006年并没有现在这么丰富的网络资源，找不到现成的学案，我只能自己"编"，逐字输入电脑。当时年级里面班级的层次很多，不仅分理科班、文科班，还分重点班、普通班、专科班（高考目标是读专科的学生的班级）。我教的理科重点班的学生是全年级基础最好的，学案的难度相对较高；我编好学案后发给文科重点班的葛海燕老师，她对学案进行改编，以适合她的学生；接着她把学案发给其他老师，他们再改编，以适合他们的学生。备课组每天要做的事就是编学案、改学案,忙碌而充实。

多数学生会尝试着自己看书,尽力完成学案中的问题与例题,尽管一开始的磨合过程比较漫长,但还是坚持下去了;一部分学生不愿意看书,他们觉得自己看书是件非常痛苦的事,哪有听老师讲来得轻松,所以拒绝自学,学案要么是抄别人的,要么空着不写。

面对这样的情况,有的老师可能会选择妥协。每年在新教师座谈会上,我都会强调:对于基础一般的学生,老师上课不要一味灌输,要让学生多回答课堂提问,多到黑板前演示做题。可总有很多新老师习惯"满堂灌",因为他们发现,学生回答问题成功率太低,提问了好几个学生,也不一定能回答完整,做题速度就更慢了,严重影响上课的进度,干脆全部自己讲。面对现实,他们选择了妥协,虽然暂时应付过去了,但他们却不知道有多少学生不认真听讲,有多少学生在睡觉,又有多少学生变得越来越"懒"。老话说得好:"娘勤儿女懒。"老师事事包办的后果就是学生读书越来越被动,越来越没精神,导致老师教书越来越没成就感。

我常给一些班级代课,发现尤其是文科班的学生,数学通常不好,思维速度较慢,可能老半天都回答不出一个问题。但我坚决不妥协,就是要让学生回答问题。一个学生答不出,换一个继续;一个学生答不全,换一个补充;很多学生都答不出,就把问题的难度降低,给出明显的提示。我希望学生亲口告诉我他们的想法,而不是我向他们提供现成的答案。一节课下来,至少有三分之一的学生回答过问题,有六七个学生进行过板演做题。不可否认,这样上课真不如自己讲来得干脆,但只要咬牙坚持下去就会发现,学生答题的成功率提高了,睡觉走神的少了,课堂效率提高了。我的经验证明:对于基础好的学生,灌输未必无效;但对于基础差的学生,一味灌输肯定无效。

其实,每个学生都想进步,都想搞好学习,可是他们无法改变已有的学习习惯。对于那些不认真自学的学生,我用尽各种办法,耳提面命,再辅以一些奖励机制。比如,对学案完成好的学生在德育考核上加分,对考试成绩取得进步的学生加分,对课堂表现好的学生也加分……经过一学期的磨合,学生的预习越来越像样。有些比较难的题目,我讲解以后学生也能听懂了。学生的记忆力似乎也好了许多,公式和方法能记住了,最重要的是,考试成绩每次都有进步。这种趋势一直保持到高考,我任教年级的数学高考成绩更是创造了那几年来的纪录,堪称"奇迹"。

很快,俞宏达老师让我向全县高中数学老师介绍此"奇迹"的发生过程,他希望其他学校也能加入课堂教学改革的行列。县教科研中心的韩国存、宋厘国、李云麟三位专家也赶到学校,向我了解"先学后教"的实施情况。听过我的介绍后,他们强烈建议我把"先学后教"教学改革的经历写成课题报告,参评当年的县教育科研优秀成果奖。于是,我第一次意识到,原来我们进行的"先学后教"就是在做课题。

接到撰写课题报告的任务,我感到一个头两个大。我从来没做过课题,从来没见过课题报告,学校也没有可供参考的模板和范文。我发现有个初中的课题跟"先学后教"非常像,于是我在他们的结题报告基础上稍作修改,就交了上去。但这篇报告很快被驳回,我只能尴尬地承认自己真的写不来。令人欣慰的是,评审报告的负责人给我提出了建议:"怎么做,就怎么写。"我重拾信心,毕竟记叙文我还是会写的,我用 A4 纸写了五六页,大概三四千字,重新提交了报告。

令人意想不到的是,我的课题竟然获得了县一等奖,我还被邀请在全县教科研表彰会议上介绍经验。县教科研中心教科处一直有一个非常优良的传统,那就是在课题研究上,他们更看重实效,尤其是对从来没做过课题的老师,他们更关心的是做了没有、做得怎么样,至于课题报告的文字水平如何,则是次要问题。

这件事对我的鼓舞很大,引领我走上了课题研究的道路。那个时期,很多老师认为课题没什么用,就是玩文字游戏,就是在务虚,就是在浪费时间,直至现在,不少老师还是有如此偏见。但我深深地认识到:课题有用!

说实话,当时"先学后教"完全是我凭字面意思自行理解并实施的,我非常想去看看正宗的"先学后教"是怎么样的;学校领导也觉得非常有必要把"先学后教"推广到所有学科;恰逢我评上高级职称,在业务上有了一定的话语权。基于上述原因,我决定带领学校 20 余名骨干教师赴山东昌乐二中学习他们的"271高效课堂"。

为什么叫"271"? 这所学校认为:所有知识的 20%,学生自学就能学会;70%,学生相互合作学习也能学会;还有 10%,需要老师教会。这是"271"的其中一层含义。他们还认为,影响学习成绩的因素中,20% 是智商,70% 是情商,还有10% 是行商,这个"行商"是跟行动有关的一种"商"。此外,"271"还有其他意思,内涵十分丰富。他们把"先学后教"的内涵挖掘得这么透彻,可见确实花了很多心思,而且花得值,因为挖出来的这些东西就是教学的理念和准则,通俗易懂,极具操作价值。

进入昌乐二中需要买"门票",60 元/人,这个价格超过当时很多 5A 级风景区的门票定价。每个教室的后门都开着,想听什么课,就走进去,但没有凳子提供,得站着听;中途也可以换教室,只要不发出声音影响教学。每个教室里听课老师的人数都不比学生少,黑压压地站在后面,场面蔚为壮观。为了让没来的老师也能感受到"271"的风采,我特意买了一台微型摄像机,每门学科都录了一节完整的课。

在听课期间,学生的表现尤其令我印象深刻。上课铃一响,老师什么话也不说,就在黑板上写上每个学习小组要讨论的问题:第一组,讨论学案中的第一个问题并上来展示;第二组,讨论学案中的第二个问题并上来展示……班级被分成7~8 个学习小组,每个组 6 人左右;随着老师一声"开始讨论",学生齐刷刷地站起来,开始讨论。那是真正意义上的讨论,学生畅所欲言,气氛热烈。我不禁想到,在很多公开课或教学评比中,都会设计学生讨论的环节,似乎有了这个环节就能体现教师先进的教学理念,就能为课堂增色加分。遗憾的是,学生要么愣神,要么窃窃私语,完全看不出讨论应有的样子。讨论和沟通的能力不是天生的,真的需要花时间培养。

我本来很疑惑,为什么老师不规定讨论的时间,后来发现完全没必要,讨论结束,学生就会自己坐下来。全部学生都坐好后,就意味着讨论结束了,进入小组展示环节,每个组派代表到讲台上介绍讨论的成果,那场面不输现在的综艺节目。学生讲得滔滔不绝,气势甚至碾压老师。一个学生讲完,马上会有学生上去补充;一个问题讲完,另一个问题又马上开始。学生包揽了所有的问题,老师就在旁边看着,偶尔补充几句。学生展示结束,老师会结合学生的表现给每个小组打分,最高为 8 分,最少也有 6 分。学生当主角,教师当配角,这样的课堂,真是让人大开眼界。

昌乐二中之行使我发现,学案只是"先学后教"的一个要素,除此之外,还需要配套的奖励机制,需要融入合作学习、学生展示等环节。要做到这些实属不易,需要花时间、花心思,这 60 元的门票花得值。于是,我们尝试借鉴昌乐二中的经验来优化我们的"先学后教",发现与之前相比,课堂教学效果确实有所改善,各学科的成绩也都有所进步。

　　在此之前，"先学后教"已经作为课题在市级立项，经过几年的实施，马上要结题。课题需要取个好听的名字，类似于"271高效课堂"。仇新山校长给出了建议：课题的最大特色就是倡导学生自主学习，那么就叫"三自主"教学模式——"课前学生自主预习""课内学生自主讨论交流""课后学生自主练习提升"。我觉得非常好，自此，我们的"先学后教"就称作"三自主"课堂教学模式，课题全称为"高中'三自主'课堂教学模式的实践研究"。

　　这次做课题是有目的的，每个阶段都制订了相应的计划，明确了分工，举行了系列教研活动，在全县产生了一定的影响力，新闻媒体也屡次报道我们的课题。熟悉了课题报告的格式后，我写起来就非常顺手了。经过几个月的努力，课题报告终于完成。这份报告有100多页，其中主报告将近20000字，辅以学案、案例、论文、新闻图片等附件材料。课题获得了宁波市教育科研优秀成果二等奖，这个成绩对于一所之前几乎不做课题的农村学校来说，已经非常不错了。

　　自从"三自主"课题获奖后，学校就开始有老师做课题，每年都有县级课题立项，可谓"旧时王谢堂前燕，飞入寻常百姓家"。其中，语文组的徐蕾蕾老师受"三自主"的启发，做了一个名为"高中语文文言文'三味'教学的实践研究"的市级课题。何为"三味"？就是"课前学生知味""课内学生体味""课后学生玩味"。"知味"就是预习，"体味"就是学生讨论交流，"玩味"有点新意，就是"以寓教于乐的方式进行课后巩固"，比如课本剧表演、cosplay等，这招"借鸡生蛋"用得妙。后来，"三味"课题获得了宁波市教育科研优秀成果一等奖，这是学校获得的第一个市级一等奖。

　　要做课题，首先必须选好研究的问题。从已有的课题中寻找新线索是比较好的方法，"三味"课题就是如此。"三自主"是一个全校性的课题，而我想在此基础上做一个数学学科的课题。昌乐二中的学生在展示的时候能说会道，口若悬河，反观我们的学生，让他们到讲台上讲题，他们只是报一下答案，简单写写过程，至于为什么这样做、还有没有其他的做法，学生根本说不上来。学生的表达能力弱，就必须要进行专门的训练。我查阅文献时看到一篇介绍利用"数学日记"来提升小学生数学表达能力的论文，那么中学生可不可以试一试？让学生把要说的先写出来，然后照着说，问题不就解决了？当然，"数学日记"涉及面太窄，那就把它扩大到一般性的"写作"，就叫"数学写作"。

　　数学写作到底要让学生写什么东西？要达到怎样的写作效果？是不是要像

写语文作文那样,既追求内容的丰满,又关注形式的新颖?这几个问题首先要明确,否则无法实施。自从有了"数学写作"的想法,我一直都在思考这些问题。

我发现一个现象,虽然学生都准备了数学笔记本,用来记录数学学习中的问题,可是上课时,我在黑板上写,他们就只知道拼命地抄。对于学生的这种做法,我非常反对。正确的做法不是抄笔记,而是整理笔记,先听懂课堂上的内容,课后再把学到的东西整理到笔记中去。关于整理笔记,我强调了多次,还是有不少学生没听进去。我想,如果把整理笔记与数学写作结合起来,数学写作就写课后整理的内容,这样是不是可以一举两得?考虑到有的学生整理得比较好、比较全面,有的学生遗忘得多,整理出来的东西比较少,因此,对于数学写作内容的多少,我不做硬性规定,只要是学生自己整理的、用自己的方式表达出来的写作成果,我都认可。在自己班级进行尝试后,我发现学生课上抄笔记的现象得到明显改善。在学生的数学写作中,我发现一篇文章特别"另类",学生大部分都在写题目怎么做、方法怎么理解,而他写的却是对于题目如何难做的感慨:

> 面前这道题目,
>
> 老师曾经讲过,
>
> 可我想了三天三夜,
>
> 我现在的心情,
>
> 已在崩溃的边缘。
>
> 一点都不会累,
>
> 我还要再解三天三夜,
>
> 解题不停歇。
>
> ……

很少有学生向老师抱怨数学有多难学、作业有多难写,而这篇名为《三天三夜》的文章,却直接道出了学生本人在解题过程中的痛苦与不甘。看了以后,我被深深触动,于是向这个学生询问具体情况,并进行辅导,帮助他树立信心。

可见,数学写作并非只是写解题,它还是学生宣泄情感的途径,是师生进行沟通的媒介,其潜在的育人功能不容小觑。于是我不再犹豫,跟备课组商议后,课题"高中数学写作教学的实践研究"正式在全年级拉开序幕。

对于数学写作,我们不强求内容的精致与形式的华丽,关键是要求学生写出真实的感情。写作内容与数学有关就行,可以是对数学概念的理解与认识,可以是对数学思想方法的应用,可以是对数学学法的总结,可以是对数学文化的感悟,也可以是天马行空的数学想象。文体更是不限,诗歌、散文、小说等都可以。

一旦给了学生足够自由的自我展示舞台,学生的想象力与表现力就会得到充分激发。下面是学生写的一篇名为《圆锥曲线定义辨析(三字经版)》的作品,读起来朗朗上口,妙趣横生。

圆锥线,形各异;

时而开,时而闭;

究其源,e 主导。

$(0,1)$内,为椭圆;

比 1 大,双曲线;

等于 1,抛物线;

趋于 0,修成圆;

至无穷,为直线。

椭圆中,a 最大;

b 与 c,难高下;

a 比 b,定竖横;

a,b,c,成勾股。

双曲线,c 最大;

a 和 b,定实虚;

渐近线,独具有;

定开口,成极限。

抛物线,p 关键;

定焦点,立准线;

四方向,四方程;

形虽多,式最简。

此三线,本一家;

历千年,源远长。

"大道至简,函数的图象是一个个点连起来的。或直线,或分段,或弯曲,或突变,或冲入云霄……个性迥异。分段函数像'多重人格'的人,将自己断成几截;一次函数是死脑筋,认准一条路就走到底;正弦、余弦函数处事圆滑,跌宕起伏……但它们都有固定的活动空间,那就是定义域,把它们牢牢地固定住。"这是学生对于不同函数模型的描述,生动活泼。

"聚点成线,它们用自己的身体演绎出一场柔美的细雨;汇线成面,它们用自己的身姿呈现出一隅迷人的风景;筑面成体,它们用自己的身形幻化出一群别致的建筑。它们,无处不在;它们,千变万化。"这是学生学了立体几何第一节课后的感悟,形象而优美地揭示了构成空间几何体的"三要素"。

学生的作品以笔记的形式每周上交一次,对每篇作品,老师们都会认真点评,并把结果及时反馈给学生。这不仅是为了夸赞学生写得有多好,更是通过作品来了解学生对数学知识的掌握程度。有的学生文章写得很华丽,可从数学上分析,他的理解还是不到位,例如,学生写道:"正弦、余弦函数处事圆滑,跌宕起伏。"看上去写得不错,但并没有把三角函数的周期性准确地表达出来,因此,我们建议他进行修改,同时再次强调周期性的定义及其重要性。如果有很多学生对同一数学概念的表达都存在相同的问题,那么老师就要反思自己的不足:是不是教学节奏太快了?是不是上课难度过高?是不是有些概念强调得不够?借此调整自己的教学行为。数学写作不只是写作,更重要的是作为一种教学诊断的手段而存在。

在课题研究期间,我们收获了大量的数学写作作品,每个学生都用自己的方式来表达他们眼中的数学。我们举行了数学写作颁奖典礼,把好的作品做成手抄报进行展示,在 QQ 空间上专门刊登学生的作品。我深深体会到,这是一个越做越有意思的课题。最终,课题顺利结题。可惜的是,课题答辩环节没发挥好,与一等奖失之交臂,获得了宁波市教育科研优秀成果二等奖。当然,课题能获奖我已经很满足了,至少说明数学写作课题得到了大家的认可。

令人惊喜的是,2019 年的高中数学人教 A 版新教材增加了"文献阅读与数学写作"栏目,这与我 2013 年做的数学写作课题不谋而合。我特意写了文章《"文献阅读与数学写作"的内涵、功能与评价——研读高中数学新教材引发的思考》,表达激动的心情。时至今日,高中生数学写作组织遍地开花,其中,"数学写作联盟"规模最大,它由上百所学校组成,有自己的微信公众号,每年都举行数学写作比赛,作品以解题研究为主,旨在展现学生的数学思维能力。

学生的笔能把数学描写得那么形象生动,由此反思数学课堂,教师能否把数学课上得生动些?这就需要教师从数学文化、生产生活中汲取营养,课题"数学概念溯源教学的探索"应运而生。这个课题我在前面讲"自圆其说"时提到过,就是联系数学史、生活、其他学科,研究数学概念的来龙去脉。数学课围绕着概念的来龙去脉展开,肯定不会枯燥,这就是我们常说的 HPM(数学史与数学教育)。这个课题的研究,让我对数学史、教材有了更深的认识,在教学设计上也更加得心应手。该课题最终获得了宁波市教育科研优秀成果一等奖。

2014 年,翻转课堂、微课悄然兴起,当时国内各类微课资源非常缺乏,我就开始组织老师开发高中数学微课,先后完成了"趣解高中数学""高中数学解题思维突破""征服解析几何""著名数学定理解密"等微课的开发,课题"高中数学系列微课的开发研究"获得了浙江省教育科研优秀成果一等奖,这是我迄今为止在课题研究上取得的最高荣誉。随后,各类与微课有关的课题纷纷立项,比如"基于差异教学理念的高中系列微课开发与应用研究""高中数学文化系列微课的开发研究"。其中,"基于 HPM 视角的高中数学系列微课开发研究"是教育部重点规划课题,课题负责人是宁波市数学教研员任伟芳老师,我是其中一个子课题的负责人。这个课题按照数学史的脉络把高中数学重新演绎了一遍,极具创意,累计制作完成的微课多达 600 余节,参与微课开发的老师覆盖宁波多所重点高中。

找到一个具有研究价值的选题本来就不是容易的事,一旦确定研究方向与研究对象,就要充分挖掘其中的研究价值,这就是我做这么多与"微课"有关的课题的原因。前几年,微专题兴起,我开始着手研究微专题,试着把微课与微专题融合在一起,于是课题"高中数学'微'教学的实践研究"诞生了;后来,我又接触到华东师范大学崔允漷教授提出的"学历案",我觉得这个想法非常好,试着把它与微专题融合在一起,就有了课题"基于学历案的高中数学微专题教学的实践研究";听了杭州师范大学刘徽教授关于"大概念"的讲座后,我很感兴趣,于是开始研究大概念教学。

如今,我已经从当初的课题"菜鸟"变成了课题"能手",基本上每年都有课题立项与课题结题,大大小小的奖项也见证了我"从门外汉到追梦人"的研究历程(参见我的文章《从门外汉到追梦人——我的数学课题研究之路》)。很多人都问我,你做这么多课题有什么用? 在评优评先方面,一个课题跟十个课题没有区别,因为只取最高奖项。我可以明确地说,做课题并不是为了获奖,而是让我回归研究者的本色。在做课题的过程中,我亲身感受了各种先进的教学理念与方法,这让我对未知的事物充满兴趣,对教学充满热情。

相关论文

"文献阅读与数学写作"的内涵、功能与评价^①

——研读高中数学新教材引发的思考

语文要写作、英语要写作,数学是否也有必要写作? 2019 年的高中数学人教 A 版新教材给出了答案——数学也要写作。新教材别出心裁地增加了"文献阅读与数学写作"栏目,这标志着"数学写作"正式进入大众视野,其在教材中的分布情况如表 1 所示。

表 1　新教材中关键文献主要指标信息

教材	文献阅读与数学写作主题	写作目标
必修第一册	函数的形成与发展	了解函数形成、发展的历史,体验文献综述的写作过程与方法。
	对数概念的形成与发展	了解对数概念形成和发展的过程及对数对简化运算的作用。
必修第二册	几何学的发展	了解欧氏几何的发展及其对数学和人类的贡献。
选择性必修第一册	解析几何的形成与发展	了解解析几何形成与发展的历程,明确解析几何的作用。
选择性必修第二册	微积分的创立与发展	了解微积分创立的背景与发展的历程及其在生活中的重要应用。

新教材只安排了五次"文献阅读与数学写作",并且明确规定"不作考试要

---

① 本文发表于《中学数学》2021 年第 5 期,被中国人民大学复印报刊资料中心《高中数学教与学》2021 年第 5 期全文转载。

求"。为何新教材要开辟"文献阅读与数学写作"栏目？"文献阅读与数学写作"到底有什么作用？具体该如何操作？这些问题值得深思。

一、"文献阅读与数学写作"的内涵

"文献阅读"的指向很明显，那"数学写作"到底是什么？数学写作并不是新事物，20世纪60年代，美国教育界认识到写作与学习的密切关系，于是"贯穿课程"的写作诞生了，数学写作活动正式被纳入数学课程，进入课堂。在国内，20世纪90年代诞生了数学日记，后来经过演变，形成了数学写作的概念。数学写作是指学生将数学理解、解题回顾和方法反思用自己的语言形成文字表达，为数学交流创造机会，反馈学习和成长进程，促进深度学习的活动，其实质是学生对已有数学知识与学习经验的回顾、构建、重组和再建。国外对数学写作高度重视，相比之下，国内只有部分地区与学校进行了数学写作的初步探索，虽然取得了一些成果，但没有引起广泛关注。

数学写作写什么？就是把数学学习中的所思、所悟、所想用文字或符号的形式呈现出来。数学写作的内容与体裁没有明确的限定，可以是数学现象，可以对数学问题的看法、认识、探索，可以是对数学思想方法的应用，可以针对某一数学内容进行编题，可以是对数学的简洁、统一、对称等美的认识和感受，可以是对数学学习兴趣、动机、方法、思想等的感想、困惑与反思，可以对教材内容、教师教学等进行批判，可以跨学科应用、整合、创新，可以依据数学概念创作诗歌、散文，还可以进行数学猜想乃至幻想。

二、"文献阅读与数学写作"在教材中的功能定位

1. 让学生接受数学文化的滋养

"文献阅读与数学写作"的主题都是关乎核心数学概念的发展历史，其写作目标总体来讲是通过查阅文献资料来了解数学知识形成与发展的脉络，从而进一步感受数学文化。正如大数学家庞加莱所说："如果我们想要预见数学的将来，适当的途径是研究这门科学的历史与现状。"历史是人类最宝贵的精神财富。

以史为鉴,可以明得失;以数学史为鉴,可以读懂数学、读懂文化。一方面,数学文化融入教材正文内容之中,可以潜移默化地让学生接受数学文化的熏陶;而另一方面,教材是按照一定的逻辑结构和学习要求加以取舍编纂的知识体系,因此选择性地舍弃了许多数学概念和方法形成的实际背景、知识背景、演化历程以及导致其演化的各种因素。例如,教材的编排是先学习指数,再学习对数,然后把对数看作指数的逆运算,把对数函数看作刻画现实世界的重要数学模型,这符合现代数学的观点。但真实的历史演变进程与此有出入,对数的产生远远早于指数,发明对数的目的仅仅是为了简化计算。因此,"文献阅读与数学写作"栏目可以弥补教材正文编排的不足,让学生根据阅读与写作任务自己去探寻历史真相,系统地了解数学背后的文化元素,接受数学文化的滋养。

2. 发展学生用数学语言表达的能力

"文献阅读与数学写作"在拓展学生数学视野的同时,其实也在发展学生用数学语言表达的能力。数学语言具有科学性、简洁性、准确性,它是人类表达对世界的认识最高效的语言之一。维果茨基认为,数学能力的提高和数学语言的掌握有相互促进的作用,很多学不好数学的学生,其错误也主要产生于理解和使用数学语言的过程中。因此,斯托利亚尔认为,数学教学也就是数学语言的教学。"文献阅读与数学写作"为学生理解和运用数学语言提供了全新的训练平台,学生通过文献阅读积累写作素材,根据写作的主题把素材按照一定逻辑进行组织,然后运用数学语言进行合理表达,展现自己的数学观点与研究成果,在提升写作能力的同时,将知识纳入已有的认知图式,促进学习的纵深发展。

3. 助力"数学建模活动"的实施

在新一轮的课程改革中,"数学建模活动"是基于数学思维运用模型解决实际问题的一类综合实践活动,是高中阶段数学课程的重要内容,数学建模不仅要"走近课堂",还必须正式"走进课堂"。为此,新课标特意安排了 6 课时的"数学建模活动与数学探究活动",数学建模活动与数学探究也成为建构新教材结构体系的一条重要主线。尽管数学建模发展的是应用数学解决问题的意识和能力,但其用到的绝不仅仅是数学知识本身,实质上是对学生综合运用各种知识与技术手段解决实际问题能力的挑战。数学建模需要收集信息,文献的查找与阅读能力必不可少;数学建模的成果往往需要用学术报告或者调查报告的形式呈现,如何把自己的发现用文字形式进行科学而清晰的表达,考验的就是学生的写作能力。因此,先从容易操作的"文献阅读与数学写作"入手,发展学生的信息收集与写作能力,当学生具备这些基本技能后,再进入复杂的"数学建模活动",就会显得相对容易。同时,教材把"文献阅读与数学写作"置于"数学建模活动"之前,也体现了这方面的考量。

三、"数学写作"的潜在教学功能

"文献阅读与数学写作"是选学内容,不作考试要求,与数学教学成效没有直接关联,因此,在实践操作中难免会被很多教师忽视。实际上,"文献阅读与数学写作"的潜在功能并不仅仅局限于教材所指向的三点,"数学写作"在促进师生之间的沟通交流、加强知识的深度理解、诊断与改进教学方式等方面具有重要的作用。

1. 数学写作搭建学生情感体验的舞台

现代认知心理学认为,认知的目的不仅是让学生知晓知识是什么,更重要的是将知识内化到主体自身的认知结构和情感体系之中,这才是主体拥有的真正知识。数学写作为学生搭建了自由表达对数学的理解,抒发对数学的真实情感的舞台。在学习数学时,学生难免会遭遇困难,感到困惑,数学写作可以让学生的不良情绪和压力得以宣泄,从而有助于学生重新树立学习的信心;当学生在数学探究中有新的发现与收获时,数学写作可以让学生分享成功的快乐,从而使良好的学习情绪得以强化。因此,数学写作让学生在经历数学情感体验的过程中实现了对数学学习态度与行为的启动、激励、维持和调控。

2. 数学写作架起师生深入对话的桥梁

数学写作最大的功能莫过于架起了师生沟通的桥梁。虽然课堂是师生交流沟通的主阵地,但课堂教学受到各种因素的制约,师生之间的交流不仅时间短,而且不够自由与坦诚。而数学写作的内容没有限制,形式多样化,学生可以畅所欲言,平时不敢讲的话、不便流露的情绪,在数学写作中得到释放。教师可以通过学生的写作内容揣摩他们要表达的情感,借此深入学生的内心,开展师生间的深入对话。

3.数学写作成为诊断教学顽疾的依据

数学教学一直存在着一些"顽疾"。比如:一道题目教师讲了十几遍,学生还是无法掌握,这是"屡教不会";上课时学生都能听懂,但课后学生却做不好或不会做作业,这是"懂而不会";虽然学生会做某些题目,但是稍加变化就不会做了,根本没有真正理解,这是"会而不懂"。对于这些"顽疾",可以研读学生的数学写作作品来进行有效诊断。学生作品中关于数学学习的"抱怨"很多,意味着"教学进度过快、难度过高";学生作品中出现很多概念性的错误,很可能是"课堂教学生成不足"所致;学生作品中涌现出很多新颖的思路与解法,教师就应该考虑在课堂上多给学生展示的机会。因此,通过数学写作,教师可以准确把握教学问题的"症结"所在,然后对症下药。

四、"数学写作"的评价标准

对于语文作文的评价,通常以立意、内容、结构、语言、文体为重点,全面衡量,综合考虑。虽然数学写作也是"作文"的一种特殊形式,但其功能指向与语文作文完全是两回事,因此,一定要立足数学写作的特点与目的,关注以下三个方面。

1.是否表达"真实"的想法

数学到底是什么?是一串抽象的符号和公式,是枯燥拗口的文字描述,还是永无止境的解题?"一千个读者心中有一千个哈姆雷特",不同的学生对于数学的想法肯定有所不同。数学写作是学生亲身经历的一种学习行为,其目的就是让学生把自己真实的想法自由地表达出来。只有反映学生真实情感的作品,才有现实意义,教师才能从中获得有价值的信息。因此,对于数学写作,不必要求学生参考或模仿他人,只要是写出"真实"想法的作品,就应该被认定为"合格"的作品。

2.是否散发"数学"的味道

数学写作应该围绕着数学学习的过程展开,无论最终作品的形式是什么,唯有"数学"的味道不能缺位，这是数学写作区别于一般写作的重要标志。"数学"的味道具体表现在写作内容是否与数学学习有关、表述问题是否理性、推理论证是否严密、文章的观点是否体现了数学精神等方面。"数学"味道浓的作品，就可以被认定为"成功"的作品。

3. 是否展现"创新"的风采

数学写作能否吸引人、能否凸显学术与文学价值，取决于数学写作的"创新"程度。比如：在数学写作中展现题目解法的创新——一题多解、多题一解、一题多变等；在数学写作中展现数学发现——对新的数学定理、公式、结论进行证明与推广；在数学写作中展现文学素养——用寓言故事、诗歌、谜语、顺口溜等创新形式来表达数学观点。"创新"是数学写作的高级目标，富有创新的作品，应该被认定为"优秀"的作品。

"文献阅读与数学写作"是新教材编写的一大创举，尽管它不作考试要求，但广大一线教师完全可以把"文献阅读与数学写作"进行推广与应用，使它成为撬动教师教学方式与学生学习方式转型的一个支点。

从门外汉到追梦人①

——我的数学课题研究之路

　　当前，行动研究已经成为教师专业发展的重要手段之一，而课题研究是行动研究的主要形式。课题研究的过程是教师主动学习、主动求知的探索过程，教师立足教学活动，在主动探索、分析、反思中建构自己对教育教学活动的理解，在解决问题的同时形成自己的专业认知，从而促进自身的专业发展。

　　在实际教学中，教师对课题研究的热情普遍不高，究其原因，主要是对课题的认知存在误区。相当数量的教师认为课题研究是专家学者的事，课题对于中小学教师而言"高不可攀"；还有很多教师认为课题研究要耗费大量的时间与精力，会对正常的教育教学造成冲击，"得不偿失"。回顾自己的课题研究之路，笔者何尝不是经历了从陌生到熟悉、从迷茫到坚定的心路历程？但课题研究对自身专业发展所产生的积极作用却是空前的。毫不夸张地说，缺失课题研究的教师职业生涯是"缺憾"的。

一、研究是一种不经意的行为

　　课题即问题，一切科学研究始于问题。课题并不神秘，很多教师平时不自觉地在做课题研究的相关工作，自己却从来没有意识到，可谓"当局者迷"。

　　笔者所在的学校学生基础一般，长期以来，数学一直是薄弱科目。为了扭转颓势，从 2007 年起，笔者参考其他学校的经验，组织备课组老师尝试"先学后教"模式：课前学生自主预习，完成导学案；课内学生自主合作交流、展示、点评；课后

---

　　① 本文发表于《中学数学教学参考》2017 年第 7 期。

学生自主练习,提升能力。经过三年的实践,学生的数学成绩得到了大幅度的提升。这一事实引起了县教科研中心的关注,专家建议笔者把"先学后教"的经验以课题报告的形式提炼出来,参加年度教育科研成果评比。至此,笔者才意识到,一次教学尝试竟然与"高大上"的课题挂上了钩。笔者之前从来没有接触过课题报告,只能如写记叙文一般把所做的事情详细罗列一遍。尽管课题报告的规范性不尽如人意,但鉴于课题成效显著,县里还是给该课题授予了一等奖。这份鼓励激发了笔者做课题的兴趣。

一谈到课题研究,首先需要面对的就是选题。选题好比农夫选种,优良的种子辅以适当的耕种管理,才能获得丰收,如果选了先天不足的种子,则事倍功半,难以产生好的结果。一般而言,选题要有创意,最好有独到之处,言人之所未言,这样的课题容易在省市级立项与获奖。但对于中小学一线教师来说,受理论层次与知识视野的限制,一味追求选题的新颖,反而容易错失研究的良机。实际上,对于初次尝试课题研究的教师来说,选题只要立足教学即可,即使缺乏新意,即使别人曾经研究过,进行再次实践也能有所收获。拿笔者的经历来说,"先学后教""导学案"并不是什么新鲜的概念,相关的研究成果也随处可见,但"纸上得来终觉浅,绝知此事要躬行",只有亲自实践,才能真正了解什么问题亟待解决,怎么做是有效的,从而使课题研究稳步向前,进而取得成效。

二、主动体验一次研究的过程

从广义上讲,一次教学研讨、一个教学问题的探索、一场教学辩论等教研活动都可以归结为课题研究行为,把这些日常的教学行为加以提炼、升华,形成组织有序的研究活动,就构成了真正意义上的课题研究。教师只有变被动为主动,积极参与到课题研究中来,才能真正体会到研究的意义。

"高中数学写作教学的实践研究"课题从选题到申报,从立项到规划实施,笔者都亲力亲为。尽管过程很伤脑筋,但这次经历让笔者深刻认识到什么是课题,如何做课题。正是这个课题的研究,让笔者从"门外汉"变成了"入门者"。

何为"数学写作"? 就是学生将自己对数学概念的理解、对解题方法的体会、对解题过程的回顾、对学习方法的总结等写成文字的活动。这类似于"做笔记",但数学写作的内容与要求高于笔记,形式也更加灵活。数学写作可以展现学生对数学的真实理解,从而有利于教师开展教学诊断,进而为教学决策提供依据。

为什么要进行数学写作?笔者发现,在"三自主"教学的学生展示环节中,学生的数学表达能力不尽如人意。因此,笔者引进了数学写作,期望通过"写作"训练学生"说"的能力。当然,"数学写作"并非笔者的原创,而是受了当时流行于小学、初中的"数学日记""数学作文"的启发。

课题研究不能单打独斗,借助团队的力量才能攻克教学中遇到的困难,研究团队的组建显得尤为重要。"强强联合"的研究团队的确令人羡慕,但课题研究最需要的往往不是强大的研究能力,而是团结协作的精神与热情。俗话说得好,"三个臭皮匠,顶个诸葛亮"。谁也不是天生的科研能手,只要团队成员保持研究的热情,积极贡献自己的力量,团队科研能力就可以在实践的积累中不断得到提升。拿"数学写作"课题研究团队来说,除笔者是高级教师外,其余四位都是教龄未满三年的年轻教师;何况论科研能力,笔者也只能算"初窥门径",其余四位教师甚至根本没有做过课题。但正是这样一个"弱小"的团队,怀揣主动研究的热情,秉持"学中做,做中学"的态度,最终圆满完成了课题研究的任务。

三、课题与论文关系"亲密"

课题成果报告一般由两部分组成:前一部分是结题报告,主要记录课题研究的详细过程;后一部分是附件材料,主要是为结题报告提供佐证材料。论文恰恰是附件材料中比较有分量的一部分。

在笔者的研究团队中,每个成员至少公开发表一篇课题研究论文,早已是不成文的规定。为何笔者如此重视论文呢?这要从"高中'三自主'课堂教学模式的实践研究"这个课题参加市级评奖说起。当时,类似的研究成果已经有很多,许多团队的做法比我们的成熟和完善,在这方面,我们的课题并无优势可言,原本在评奖的第一个环节——活页评选中就要遭到淘汰,但我们的长处是课题的论文成果比较突出,公开发表的论文达到 14 篇。凭借出色的论文成果,我们的课题最终斩获市级二等奖。此后,笔者就更加重视课题研究论文的撰写了。表1 记录的是笔者承担的课题中发表论文的篇数与获奖等级。

表 1　课题论文的数量与获奖情况

课题名称	发表论文数量	获奖等级
高中"三自主"课堂教学模式的实践研究	14	市二等奖
高中数学写作教学的实践研究	11	市二等奖
"三自主"模式下微课的应用研究	6	市三等奖
高中数学概念"溯源"教学的探索	28	市一等奖

　　首先,从某种程度上讲,与课题相关的论文可以与课题研究成果的认可度挂钩,论文发表得越多,说明课题研究的成果得到认可的程度越高,因此,论文可以增加课题的含金量。其次,课题的结题报告洋洋洒洒需要写上万字,这对执笔者来说是一次不小的挑战。若在课题研究过程中,把阶段性的研究成果以论文的形式依次呈现出来,其效果就相当于把上万字的撰写任务分割成一篇篇数千字的论文,可以达到"化整为零"的目的。简而言之,论文写得越多,课题研究的框架就越清晰。"高中数学写作教学的实践研究"课题的框架与论文主题分布如图1所示。

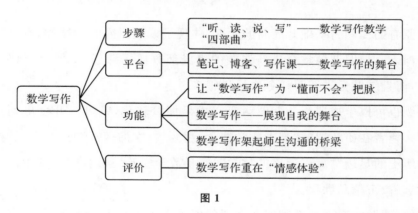

图 1

　　不仅如此,课题研究对论文的撰写也具有同等的重要意义。在课题研究中,教师围绕着研究主题撰写论文,使写作更具针对性,可以有效避免论文写作的碎片化,最终促使论文写作主题化、系列化。在课题研究中开始关注论文的影响力,是研究者走向成熟的重要标志。

四、引燃课题研究的"链式反应"

　　一个中子能够引燃核反应堆、引爆原子弹,这就是我们熟知的链式反应。课题研究其实也存在着"链式反应"。课题可以催生论文,不仅如此,课题还可以催生出新的课题。课题选题不易,好不容易找到一个有研究价值的选题,一旦课题结题,就将其束之高阁,实在是"暴殄天物"。其实,可以从旧的课题中发现新的研究线索:课题还存在哪些不完善的地方,该如何改进?后续研究是否需要引入新的元素?将这些线索加以整合、提炼,又可以找到新的研究方向。笔者承担的几个课题之间的关系如图 2 所示。

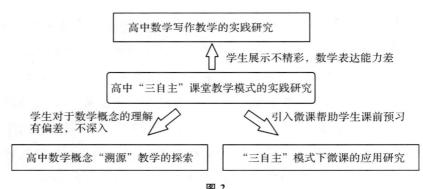

图 2

以原有的课题为基础开展新的研究,体现了课题研究的延续性,有利于课题研究的深入。把旧课题整合成新课题的组成部分或子课题,结题时不仅成果更加丰硕,而且结题报告撰写任务会轻松很多。

课题也可以生成课程。把课题研究成果加以转化,就可以开发出别具特色的课程。笔者在研究课题"高中数学概念'溯源'教学的探索"时,开发了"探寻高中数学历史的足迹""寓言背后的数学""简易数学实验"三门课程,其中两门课程分别入选省、市精品课程。

当然,课题研究对于教师专业发展的促进作用远不止上述几项,还有更多令人惊喜的效果。几个课题研究下来,笔者已经发表了 60 余篇论文,开发了五门课程,制作了三大系列超过 400 节微课,这期间,学生对微课的浏览量突破 30000次,同时涌现出一大批优秀的学生数学写作文章。

每位教师都怀揣着一个教育梦想。课题研究能够唤醒教师专业发展的内在动力,使教师从单纯的"教书匠"向教育研究者转变,从而使教师梦想成真。

参考文献

[1] 何晓明. 姓名的文化-社会功能[J]. 湖北大学学报(哲学社会科学版),2002(9): 53-55.

[2] 陈仁政. 不可思议的 e[M]. 北京:科学教育出版社,2005.

[3] 郑玮,郑毓信. HPM 与数学教学中的"再创造"[J]. 数学教育学报,2013(6): 6-7.

[4] 高敏. 课例:弧度制[J]. 中学数学教学参考,2014(4):16-18.

[5] 胡慧敏. 弧度制第一课[J]. 数学通报,2009(1):32-34.

[6] 吴红宇,王华民. 借数学史之力,解概念难点之疑——一堂基于数学史的"弧度制"设计及感悟[J]. 数学教学研究,2014(11):22-26.

[7] 李忠. 为什么要使用弧度制[J]. 数学通报,2009(11):1-6.

[8] 倪如俊. "抛物线及其标准方程(第一课时)"教学设计——问题链式探究式教学设计[J]. 中国数学教育,2013(1-2):23.

[9] 约翰·杜威. 民主主义与教育[M]. 王承绪,译. 北京:人民教育出版社,2001.

[10] 约翰·杜威. 杜威教育名篇[M]. 赵祥麟,王承绪,编译. 北京:教育科学出版社,2006.

[11] 章建跃. 核心素养导向的高中数学教材变革——《普通高中教科书数学(A版)》的研究与编写[J]. 中学数学教学参考,2019(9):7-13.

[12] 中华人民共和国教育部. 普通高中数学课程标准(2017 年版)[M]. 北京:人民教育出版社,2018.

[13] 章建跃. 为什么用单位圆上点的坐标定义任意角的三角函数[J]. 数学通报,2017(1):15-18.

［14］吕增锋.教材中一道应用题引发的现实思考［J］.中学数学杂志,2008(3)：
　　 18-19.

［15］吕世虎,杨婷,吴振英.数学单元教学设计的内涵、特征以及基本操作步骤
　　 ［J］.当代教育与文化,2016(7)：42-43.

［16］吕世虎,吴振英,杨婷,等.单元教学设计及其对促进数学教师专业发展的
　　 作用［J］.数学教育学报,2016(10)：16-17.

［17］M.克莱因.古今数学思想［M］.张理京等,译.上海：上海科学技术出版
　　 社,2002.

［18］张肇丰.基于核心素养的单元教学设计——第十届有效教学理论与实践研
　　 讨会综述［J］.上海教育科研,2016(2)：18-21.

［19］孙成成,胡典顺.数学核心素养：历程、模型及发展路径［J］.教育探索,
　　 2016(12)：27-29.

［20］章建跃,陈向兰.数学教育之取势、明道、优术［J］.数学通报,2014(10)：1-7.

［21］张奠宙等.数学教育学［M］.南昌：江西教育出版社,1991.

［22］徐学兵.基于有意义学习理论指导的数学解题教学［J］.数学教学通讯,
　　 2013(6)：23-25.

［23］罗增儒.中学数学解题的理论与实践［M］.南宁：广西教育出版社,2008.

［24］刘徽."大概念"视角下的单元整体教学构型——兼论素养导向的课堂变革
　　 ［J］.教育研究,2020(6)：64-77.

［25］温·哈伦.以大概念理念进行科学教育［M］.韦钰,译.北京：科学普及出版
　　 社,2016.

［26］吕立杰.大概念课程设计的内涵与实施［J］.教育研究,2020(10)：53-61.

［27］盛慧晓.大观念与基于大观念的课程建构［J］.当代教育科学,2015(18)：
　　 27-31.

［28］刘徽.大概念教学：让教育新理念真正落地［J］.上海教育,2020(11)：1.

［29］叶立军,戚方柔.指向学科核心素养的大概念教学机理及教学策略［J］.教
　　 学与关联,2021(2)：91-93.

［30］何美婕,刘徽,蒋昕昀.大概念教学应用阶段的教学设计［J］.上海教育,
　　 2020(11)：58-60.

［31］汪晓勤,柳笛.数学写作在美国［J］.数学教育学报,2007(8)：75-78.

[32] 吴宏,张珂,刘广军.数学写作融入初中数学教学的实验研究[J].数学教育学报,2019(10):51-57.

[33] 维果茨基.思维与语言 [M].李维,译.杭州:浙江教育出版社,1997.

[34] 李士锜.数学教育心理论[M].上海:华东师范大学出版社,2001.

[35] 何拓程.数学课堂教学中的"情感体验"研究[J].中学数学教学参考,2012(9):10-12.